Emrah Tuhan

O GNL como forma alternativa de combustível para o tráfego marítimo

Emrah Tuhan

O GNL como forma alternativa de combustível para o tráfego marítimo

Avaliação crítica dos benefícios económicos do GNL como forma alternativa de combustível para o tráfego marítimo

ScienciaScripts

Cover image: www.ingimage.com

This book is a translation from the original published under ISBN 978-3-659-86345-5.

Publisher:
Sciencia Scripts
is a trademark of
Dodo Books Indian Ocean Ltd. and OmniScriptum S.R.L publishing group

120 High Road, East Finchley, London, N2 9ED, United Kingdom
Str. Armeneasca 28/1, office 1, Chisinau MD-2012, Republic of Moldova, Europe
Managing Directors: Ieva Konstantinova, Victoria Ursu
info@omniscriptum.com

Printed at: see last page
ISBN: 978-620-8-39284-0

Conteúdo

Resumo

"Uma avaliação crítica dos benefícios económicos do gás natural liquefeito (GNL) como
forma alternativa de combustível para o comércio
marítimo"

Emrah Tuhan

2014

Os preços significativamente elevados do fuelóleo, bem como a regulamentação rigorosa relativa à redução das emissões de óxidos de enxofre (SOx) e de óxidos de azoto (NOx) dos gases de escape dos navios, levaram os armadores a considerar outras alternativas para reduzir o custo do combustível e, ao mesmo tempo, cumprir a regulamentação ambiental rigorosa que se avizinha. Neste caso, o combustível GNL ganhou importância em relação aos combustíveis convencionais, uma vez que o GNL como combustível tem sido utilizado com êxito no transporte marítimo de curta distância e nas vias navegáveis interiores nos últimos 12 anos.

Tendo em conta o que precede, o objetivo do presente estudo é investigar se o GNL como combustível é economicamente vantajoso para os grandes navios porta-contentores de alto mar. Para atingir o objetivo do estudo, foram analisados, avaliados e revistos, respetivamente, os factores que levam à mudança para o combustível GNL, o custo e o período de retorno do sistema de combustível GNL, tanto para a adaptação como para a construção de navios novos, e a infraestrutura de abastecimento de GNL em termos de disponibilidade.

Em termos de metodologia da investigação, foi adoptada neste estudo uma abordagem dedutiva. Uma hipótese indica a viabilidade do sistema de combustível GNL a bordo de um navio em termos técnicos e económicos. Ao longo da investigação, os dados secundários e primários foram conduzidos através de uma análise de dados qualitativa para responder à hipótese, sendo que os resultados dos dados primários tiveram um papel significativo na conclusão da investigação.

Os resultados mostram que a aplicação do sistema de GNL a um grande navio porta-contentores parece teoricamente possível. No entanto, em resultado da análise e discussão da literatura e dos dados primários, a aplicação de um sistema bicombustível de GNL a bordo de um grande navio porta-contentores não é económica nos próximos 10 anos devido ao seu custo de investimento significativamente elevado e ao custo de exploração adicional, à inadequação da infraestrutura de abastecimento de GNL nos portos, consequentemente ao problema de disponibilidade, e à falta de conhecimentos técnicos do sistema nos estaleiros navais.

Lista de abreviaturas

ABS	American Bureau of Shipping
AG	Aktien-Geselllschaft
APMM	A.P. Moller-Maersk
BASW	Association of Social Workers
BERA	British Educational Research Association
BSA	The British Sociological Association
BV	Bureau Veritas
CO_2	Carbon Dioxide
CST	Centistoke
DNV	Det Norske Veritas
DSB	Directorate for Civil Protection (Norwegian: Direktoratet for samfunnssikkerhet og beredskap, DSB)
ECA	Emission Control Area
EMEA	Europe, Middle East, Africa
EU	European Union
GHG	Green House Gas
GJ	Gigajoule
GVU	Gas Valve Unit
GL	Germanischer Lloyd
HFO	Heavy Fuel Oil
ICCT	International Council on Clean Transportation
IFO	Intermediate Fuel Oil
IMO	International Maritime Organisation
LSFO	Low Sulphur Fuel Oil
LNG	Liquefied Natural Gas
MARPOL	Marine Pollution
MEPC	Marine Environment Protection Committee
MCR	Maximum Continuous Revolution
MDO	Marine Diesel Oil
MGO	Marine Gas Oil
MMBTU	Million British Thermal unit
NOx	Nitrogen Oxides
SECA	Sulphur Emission Control Area
SGMF	Society for Gas as a Marine Fuel
SOx	Sulphur Oxides
TC	Time Charter

TEU	Twenty-foot Equivalent Unit
UASC	United Arab Shipping Company
US	United States
WHR	Waste Heat Recovery
WPCI	World Ports Climate Initiative

Reconhecimento

Em primeiro lugar, gostaria de expressar o meu profundo agradecimento à minha orientadora, a Sra. Nickie Butt, pelo seu apoio e orientação durante o processo da minha dissertação.

Além disso, gostaria de agradecer ao Sr. Andrew Monty, ao Capitão Pavel Vamesu e ao Sr. Can Besev por terem disponibilizado tempo da sua agenda preenchida para serem entrevistados para a investigação de dados primários, cujo conhecimento profundo e experiência na indústria de transporte marítimo me ajudaram a enriquecer a minha dissertação de modo a concluir com a hipótese mais adequada a partir dos resultados obtidos no projeto.

Gostaria de expressar os meus sinceros agradecimentos à minha família, que me forneceu ajuda material e apoio espiritual não só durante o processo de dissertação, mas também durante todos os meus estudos na Southampton Solent University.

Este projeto e o meu mestrado são carinhosamente dedicados ao meu pai, ismail Tuhan, que passou 50 anos no mar como chefe de máquinas e que foi uma inspiração para me tornar um marítimo.

CAPÍTULO 1 Fundamentação

1.1 Introdução

Aproximadamente 300 milhões de toneladas de fuelóleo são consumidas anualmente pela frota mercante internacional, 80-85% das quais são consumidas como fuelóleo pesado (HFO), que contém alto teor de enxofre, enquanto o restante contém fuelóleo com baixo teor de enxofre (LSFO). Com os actuais preços elevados dos combustíveis HFO e LSFO, juntamente com os regulamentos rigorosos sobre emissões que serão impostos até 2015 e 2020 no sector marítimo, os armadores estão, por conseguinte, a estudar o desenvolvimento de novas tecnologias e opções de combustíveis alternativos (DNV, 2013a). Para a indústria marítima internacional, o ano de 2015 tem uma grande importância em termos destes regulamentos de emissões rigorosos, que entrarão em vigor nas Áreas de Controlo de Emissões (ECAs). Para mais pormenores sobre os regulamentos, a partir de 2015, o teor máximo de enxofre do fuelóleo exigido será limitado a 0,1% nas ECAs, que atualmente é de 1,0%. Além disso, a partir de 2020, o requisito internacional máximo de teor de enxofre no fuelóleo diminuirá de 3,50% para 0,50% para ser consumido fora das ECA. No entanto, juntamente com estas regulamentações, para além das actuais ECA, que são o Mar Báltico, o Mar do Norte e a costa da América do Norte, incluindo as Caraíbas dos EUA, prevê-se a introdução de mais ECA num futuro próximo, que também exigirão estas regulamentações rigorosas aos navios. Por conseguinte, este assunto está a tornar-se ainda mais pertinente. Consequentemente, existem quatro opções principais para cumprir os regulamentos acima referidos como forma alternativa de combustível: gasóleo marítimo com baixo teor de enxofre (MGO), HFO com um sistema de depuração dos gases de escape e GNL como combustível. Embora estas alternativas pareçam viáveis e algumas sejam mais adequadas para um determinado tipo de navio, a escolha destas opções depende muito dos tipos de navios e das rotas do comércio marítimo internacional, por exemplo, a distância, a acessibilidade, o tempo de navegação nas ECA e o custo, tanto para a nova construção como para a adaptação (Lloyd's Register EMEA, 2012). Considerando o longo prazo e a estratégia mais eficaz em termos de combustível alternativo, o gás natural liquefeito (GNL) é possivelmente uma das melhores alternativas, com um mercado em constante expansão e um investimento contínuo em tecnologia e desenvolvimento de infra-estruturas (Brown 2013).

No entanto, de acordo com a Lloyd's Register (2012), a falta de infra-estruturas de abastecimento de GNL nos principais portos marítimos internacionais é considerada um obstáculo significativo à implementação generalizada do GNL como forma alternativa de combustível. A razão subjacente à falta de infra-estruturas portuárias reside no facto de os fornecedores de bancas e de gás não estarem dispostos a investir nesse desenvolvimento, uma vez que a procura de GNL como combustível é atualmente insuficiente. Consequentemente, os armadores não aceitam de bom grado o investimento na construção de novos navios movidos a GNL nem a adaptação a GNL dos navios existentes, uma vez que a disponibilidade de combustível para GNL continua a ser significativamente insuficiente. No entanto, Ajala (2012) afirma que, embora o preço seja um dos principais factores em todos os aspectos, a colaboração entre as partes interessadas (armadores, fornecedores de gás e organizações) é o elemento-chave para resolver este dilema. Por outras palavras, tem de haver um grupo reconhecido de partes interessadas para manter o sucesso da implementação do combustível GNL. Hinge (2013) salienta a procura de GNL como combustível para os navios porta-contentores de alto mar na perspetiva dos armadores, uma vez que, quando forem desenvolvidas infra-estruturas suficientes nos principais portos entre o Extremo Oriente e a Europa, onde os navios são utilizados, a United Arab Shipping Company (UASC) estará pronta para reequipar e encomendar novos navios porta-contentores movidos a GNL.

A par da insuficiência das infra-estruturas de abastecimento de GNL e da regulamentação rigorosa em matéria de emissões, o preço da implementação do sistema, em especial para os navios novos alimentados a GNL, frustra os armadores mundiais. No entanto, de acordo com um estudo da Germanischer Lloyd's (2012), o período de retorno do investimento de um novo navio porta-contentores de maiores dimensões alimentado a GNL, por exemplo, um navio com capacidade para 14 000

TEU, é o mais curto em comparação com outros navios que consomem fuelóleo pesado. Como já foi referido, o preço é o fator-chave para a implementação do sistema, tanto nos navios como nos portos marítimos. No entanto, tendo em conta a estratégia de longo prazo dos armadores e os factores ambientais, os navios movidos a GNL parecem ser significativamente vantajosos em todos os aspectos.

Passaram muitos anos desde que o GNL foi utilizado pela primeira vez como combustível para a propulsão de navios, principalmente em navios de GNL, o "boil off" da carga, e depois espalhou-se para outro tipo de navios, principalmente ferries operados a nível nacional. No entanto, a procura de GNL como combustível marítimo passou recentemente dos pequenos ferries nacionais para o comércio global. As sociedades de classificação estão agora a ver encomendados diferentes tipos de navios alimentados a GNL, bem como os grandes marcos classificados pela Lloyd's Register, como o primeiro navio-tanque alimentado a GNL do mundo, o "Argonon", o navio de cruzeiro "Viking Grace", e há também projectos promissores, incluindo dois navios de transporte de automóveis, um quebra-gelo finlandês e um navio de carga geral (Brown, 2014). No entanto, a tecnologia do GNL, para além de ser considerada como um futuro combustível mais limpo, e a realidade da utilização do GNL no comércio marítimo de alto mar são dois entendimentos diferentes que devem ser distinguidos. A maioria dos armadores está bem ciente desta diferença e não quer ser convencida de que o GNL é a única opção de conformidade futura. Consequentemente, a maioria dos projectos já encomendados e os que estão para ser encomendados não exigem que os navios utilizem sempre GNL como combustível. De facto, a maioria dos motores principais dos navios movidos a GNL são concebidos para serem motores de alimentação dupla ou tripla. Por outras palavras, podem consumir HFO, MDO ou GNL. No entanto, na realidade, nenhum dos armadores se comprometeu ainda plenamente a utilizar o GNL como combustível para um navio de alto mar. Embora alguns dos navios encomendados sejam capazes de operar em alto mar, as suas premissas comerciais baseiam-se no comércio de ECAs. No entanto, é forte a convicção de que os navios alimentados a GNL para o tráfego de alto mar não estão longe, nomeadamente se se considerarem os nichos de mercado. Os preços do GNL são muito atractivos, em especial na América do Norte, e, uma vez que não existe qualquer obstáculo em termos de engenharia, parece inevitável que o GNL se difunda no comércio de alto mar, especialmente nas rotas comerciais mais competitivas entre o Extremo Oriente e o Norte da Europa. Além disso, um estudo recente, Global Marine Fuel Trends 2030, que se centra no comércio de alto mar como um todo, indica que a quota de mercado do GNL para as frotas de alto mar será de 11% em 2030, o que representa aproximadamente 20% do mercado atual. Em comparação com a atual posição nula em alto mar, este seria um crescimento significativo, e uma vez que a maioria dos armadores internacionais tem procurado a forma mais rentável de o fazer, juntamente com regulamentos de emissões mais rigorosos, o HFO não parece ser uma alternativa rentável para os navios de alto mar, se não for apoiado pelo mercado e pelas realidades regulamentares (Brown, 2014).

Neste sentido, o GNL como combustível poderia desempenhar um papel significativo devido ao seu preço mais baixo em comparação com o fuelóleo com baixo teor de enxofre e ao facto de ter emissões significativamente mais baixas do que os combustíveis convencionais. Por conseguinte, esta investigação terá como objetivo responder se o GNL como combustível é benéfico para os navios de alto mar alimentados a GNL.

1.2 Finalidade e objectivos

1.2.1 Objetivo

O objetivo do presente estudo é empreender:

Uma avaliação crítica dos benefícios económicos da utilização do GNL como combustível para navios de comércio marítimo de alto mar.

1.2.2 Objectivos

A fim de realizar os objectivos acima referidos deste projeto, são sublinhados os seguintes objectivos

1. Avaliar as motivações comerciais para a mudança para o GNL

2. Avaliar os benefícios económicos e o período de retorno do investimento na construção de um novo navio alimentado a GNL

3. Avaliar os benefícios económicos e o período de retorno do investimento da instalação de um sistema de GNL em navios existentes.

4. Analisar as questões da disponibilidade de sistemas de abastecimento de GNL e de infra-estruturas de GNL nas principais rotas dos transportes marítimos e o seu desenvolvimento futuro.

1.3 Estrutura de investigação

Este trabalho de investigação é composto por seis capítulos. A introdução, o objetivo e os objectivos da investigação constituem o primeiro capítulo, no qual o leitor será familiarizado com o tema e ficará satisfeito com o objetivo e os objectivos. O segundo capítulo examina posteriormente os objectivos através da revisão dos estudos existentes relacionados com a área temática. O capítulo três descreve a metodologia de investigação, que explica como os métodos de investigação foram conduzidos ao longo do processo de dissertação. O capítulo seguinte apresenta novos dados relacionados com a área temática, que foram recolhidos através de entrevistas com profissionais do sector marítimo. O capítulo cinco, por outro lado, combina todos os dados que foram recolhidos através da revisão da literatura e das entrevistas, e analisa-os e discute-os de forma a encontrar a resposta para a adequação do sistema de combustível GNL a bordo de um grande navio porta-contentores em termos técnicos e económicos. Finalmente, a resposta à hipótese é apresentada como conclusão no capítulo 6.

CAPÍTULO 2 Revisão da literatura

2.1 Motivos comerciais para uma mudança para o GNL

thA frota mercante mundial passou rapidamente de uma frota movida a energia eólica para uma frota totalmente movida a motor entre o último quartel do século XIX e meados do século XX.th Até 1920, predominavam os navios a vapor a carvão. Desde então, a queima de carvão foi substituída por óleos marinhos devido à mudança para caldeiras a vapor e motores a gasóleo. O desenvolvimento das máquinas a vapor e a procura de um tempo de trânsito mais eficiente levaram o sistema a passar da energia eólica para a combustão do carvão. No entanto, devido à necessidade de eficiência energética no comércio marítimo, à facilidade de acesso e a operações mais limpas, a mudança do carvão para o petróleo foi inevitável (DNV-GL, 2014).

No entanto, embora esta tecnologia inovadora tenha sido utilizada desde a passagem do carvão para o petróleo, trouxe consigo preocupações significativas, das quais a questão ambiental se tornou uma das maiores. Dado que quase todos os navios mercantes consomem HFO, que é muito viscoso e contém substâncias que são removidas dos produtos petrolíferos mais refinados, o SOx e o NOx são consequentemente emitidos pelos gases de escape dos navios, o que constitui uma ameaça significativa para o ambiente em termos de aquecimento global. Por conseguinte, a OMI adoptou regulamentos relevantes para reduzir as emissões de SOx e NOx dos gases de escape dos navios, bem como de dióxido de carbono (CO_2), também conhecido como gás com efeito de estufa (GEE). Ao reduzir o consumo de fuelóleo, é possível reduzir o CO_2, mas os SOx e os NOx são a maior preocupação da OMI e visam reduzir os compostos de azoto e enxofre dos gases de escape dos navios. Os regulamentos existentes adoptados pela OMI exigem que os navios consumam combustível com baixo teor de enxofre em zonas específicas. Uma vez que os preços do fuelóleo, nomeadamente do LSFO, são consideravelmente elevados e que a regulamentação rigorosa em matéria de emissões exigirá que os armadores consumam LSFO com um teor de enxofre inferior ao atual num futuro próximo. A redução de SOx e NOx dos gases de escape dos navios pode ser conseguida através de alguns combustíveis alternativos, como o GNL como combustível, o metano e a tecnologia de depuração. Entre estas alternativas, o GNL apresenta as melhores opções em termos de disponibilidade e de capacidade de redução das emissões de SOx em 92%, de NOx em 12,6% e de CO_2 em 14,4% (ABS, 2013) (Unseki, 2013).

Por conseguinte, os dois principais factores que levam os armadores mundiais a considerar o GNL como uma alternativa atraente para a propulsão dos navios.

a. Regulamentação ambiental

b. Preços do fuelóleo

2.1.1 Regulamentação ambiental

A Organização Marítima Internacional (IMO) adoptou um conjunto de regulamentos para controlar a poluição dos navios através das "Regras para a Prevenção da Poluição Atmosférica pelos Navios", ao abrigo do Anexo VI da Convenção sobre Poluição Marinha (MARPOL 73/78). O SOx e o NOx dos gases de escape dos navios são os dois principais limites que o Anexo VI da MARPOL estabelece e incorpora nas disposições relativas à criação de zonas especiais de controlo das emissões de enxofre (ZCEE), em que a Figura 1 ilustra os regulamentos mais rigorosos em matéria de emissões ao longo do tempo e os que entrarão em vigor num futuro próximo. Ao contrário dos limites do teor de enxofre dos combustíveis nas ECAs, a questão mais notória é que, nos próximos 10 anos, a capacidade global dos limites do teor de enxofre dos combustíveis fora das ECAs terá diminuído significativamente para 0,5%, em comparação com o valor de 4,5% em 2005; no entanto, dependendo da revisão da IMO em 2018, o limite de 0,5% poderá ser adiado para 2025. Para mais pormenores sobre as ZCE, o Mar Báltico e o Mar do Norte, bem como uma zona de 200 milhas náuticas ao largo da costa norte-americana, são as actuais ZCE que exigem que os navios consumam LSFO nessas zonas. No entanto, como mostra a Figura 2, existem outras áreas que muito provavelmente serão introduzidas num futuro próximo como novas ECAs (DNV-GL, 2014).

Figura 1 Limites do teor de enxofre dos combustíveis do Anexo VI da MARPOL

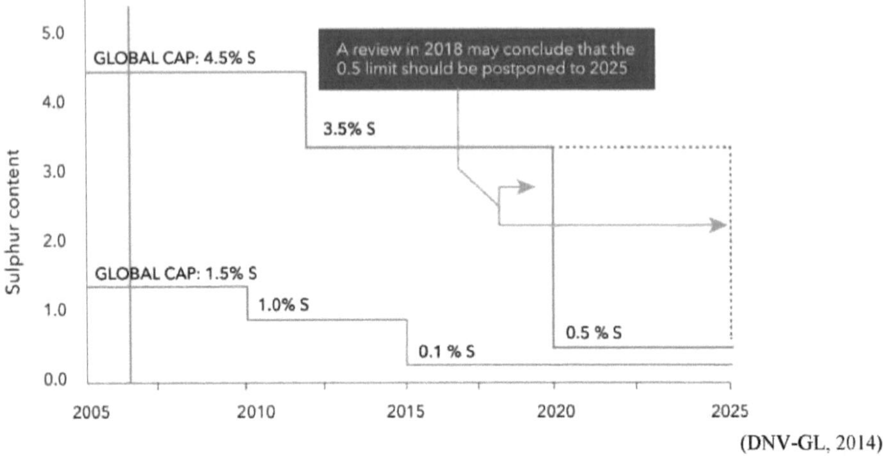

(DNV-GL, 2014)

Figura 2 Possíveis futuros TCE

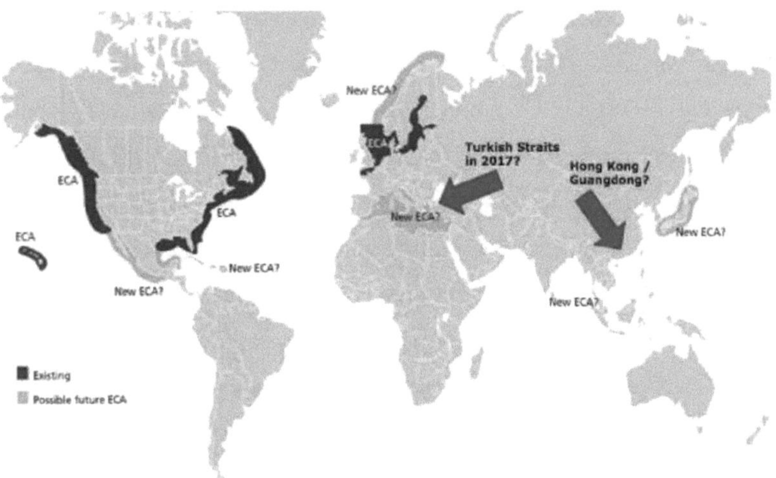

(DNV-GL, 2014)

O Bósforo (Estreito de Istambul)/Mar de Mármara, Hong Kong e partes da costa de Guangdong, na China, são os candidatos mais prováveis à aplicação das futuras ECA. Além disso, a partir de 2020, o limite de 0,5% do teor de enxofre dos combustíveis será obrigatório nas águas da UE, independentemente da possibilidade de adiamento pela OMI, tendo já sido imposto um limite de 0,1% de teor de enxofre nos portos e vias navegáveis interiores europeus. É obrigatório que os navios que navegam nas ECAs consumam fuelóleo com baixo teor de enxofre, ou que tenham implementações alternativas para reduzir as emissões de enxofre dos navios, por exemplo, lavador de gases de escape ou combustível GNL (DNV-GL, 2014).

Além disso, o Comité para a Proteção do Meio Marinho (MEPC) acordou na aplicação de uma estrutura de três níveis, que irá impor normas mais rigorosas em matéria de emissões de NOx para os novos motores marítimos dos navios nos países da Europa Central e Oriental, em função da data de instalação desses motores. Estas normas de emissão da OMI são geralmente designadas por Tier I, II e III. A partir de 1st de janeiro de 2016, as normas Tier III entrarão em vigor apenas na ECA da América do Norte. No entanto, embora a Rússia tenha proposto a possibilidade de adiar a aplicação da fase III até 2021, após a 66th sessão do MEPC da OMI, realizada na primavera de 2014, a norma de emissão de NOx da fase III das ECA da América do Norte e das Caraíbas dos EUA foi mantida em 1st de janeiro de 2016 (ClassNK, 2014). Mais pormenores sobre as limitações de NOx são demonstrados na Tabela 1, como limites de NOx para navios novos, e na Figura 2, como regulamentos de NOx da IMO. Os navios construídos após 1st de janeiro de 2016 ao abrigo do Tier III cumprirão os regulamentos internacionais em matéria de NOx. Como se pode ver no quadro 1, a redução do limite máximo das emissões de NOx da categoria II para a categoria III é significativa. No entanto, a partir de 2016, o Nível II continuará em vigor fora das ECAs (DNV, 2013b).

Quadro 1 Limites de NOx para navios de construção nova

Tier	Applicable areas	Construction year	NOx Limit, g/kWh (n=rpm, below)		
			$n < 130$	$130 \leq n < 2000$	$n \geq 2000$
Tier I	Global	2000	17.0	$45 \times n^{-0.2}$	9.8
Tier II	Global	2011	14.4	$44 \times n^{-0.23}$	7.7
Tier III	ECA	2016	3.4	$9 \times n^{-0.2}$	1.96

(DNV, 2013b)

Figura 3 Regulamentação OMI em matéria de NOx

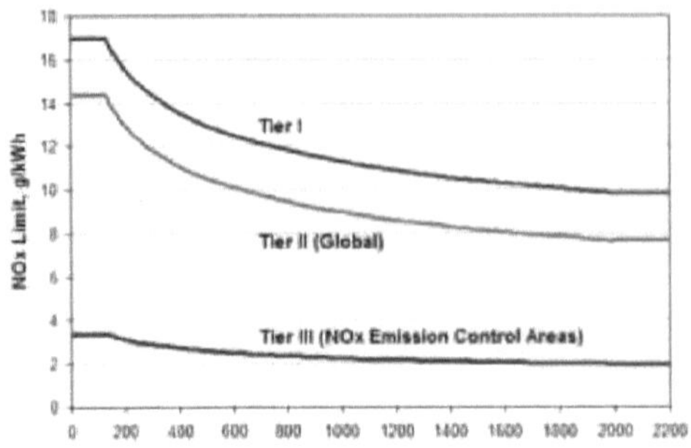

(DNV, 2013b)

Como se compreende claramente, a redução das emissões de NOx dos gases de escape dos navios é outro objetivo a atingir. No entanto, na perspetiva das alterações climáticas a longo prazo, a emissão de CO_2 pelos gases de escape dos navios no decurso do transporte marítimo tem também uma importância significativa em termos de questões ambientais, que estão ainda a ser negociadas pelas organizações internacionais. No entanto, antes da entrada em vigor dos regulamentos necessários pela OMI, a União Europeia (UE) está a considerar seriamente o benefício potencial da redução das emissões de GEE, a fim de regulamentar as normas ao longo das suas costas. Além disso, foi recentemente publicado pela Comissão Europeia um projeto destinado a assegurar novos desenvolvimentos dos combustíveis alternativos limpos. O projeto centra-se no GNL como combustível alternativo preferido para o transporte marítimo e exige que todos os portos europeus desenvolvam os seus portos de modo a fornecerem serviços de abastecimento de GNL (Semolinos *et al.,* 2013).

2.1.2 Preços do fuelóleo

Como já foi referido, o consumo de combustível naval residual tornou-se uma das principais preocupações do sector dos transportes marítimos e, devido à subtileza crescente da regulamentação relativa às emissões de fuelóleo, a utilização do combustível naval está a ser objeto de uma atenção crescente. Além disso, na perspetiva dos armadores, o custo do combustível tornou-se um dos principais factores a ter em conta em termos dos custos de viagem de um navio. Embora os navios porta-contentores de maiores dimensões sejam mais eficientes em termos de custos e, consequentemente, mais adequados às actuais condições do mercado de transporte marítimo do que os navios porta-contentores de pequenas dimensões (ATKearney, 2012) (Holladay, 2013), como mostra a Figura 4, o fuelóleo representa cerca de 78% dos custos totais de viagem de um navio porta-contentores, enquanto outros segmentos de navios representam entre 58% e 65% (DNV-GL, 2011). Além disso, a regulamentação rigorosa em matéria de emissões fará com que o LSFO, que é consideravelmente mais caro do que o HFO, seja um dos principais desenvolvimentos no sector marítimo, o que influenciará significativamente o custo do transporte marítimo e das operações.

Figura 4 Partilha dos custos de funcionamento

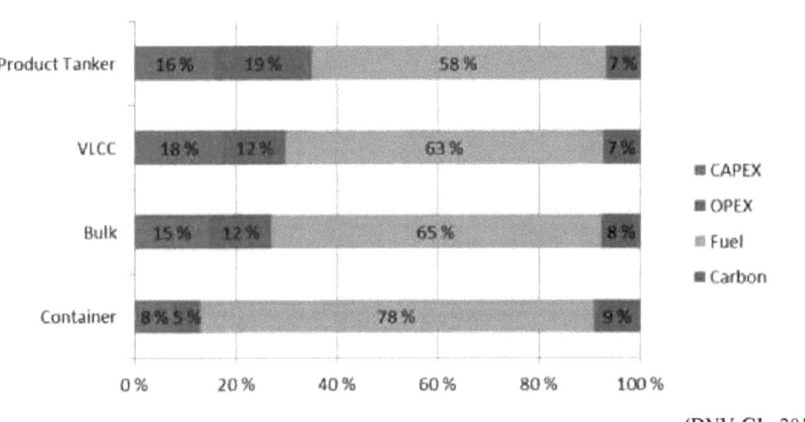

(DNV-GL, 2011)

Por outras palavras, uma vez que o consumo de combustível marítimo constitui uma grande parte do custo total da viagem, a evolução do combustível marítimo tem sido de grande importância tanto para os proprietários de carga como para os operadores de navios. Além disso, o desenvolvimento de novos regulamentos sobre emissões centrados em questões ambientais e a necessidade simultânea de o sector marítimo ser mais responsável pela sua pegada ambiental influenciam fortemente a escolha do tipo de combustível pelos armadores. Assim, para a indústria marítima, juntamente com o aumento significativo dos preços do fuelóleo, com fortes expectativas de aumento num futuro próximo, tornaram-se inevitavelmente um dos principais impulsionadores da consideração do GNL como combustível marítimo alternativo (DNV, 2012).

A volatilidade dos preços do fuelóleo é, em grande medida, influenciada pela tendência dos preços do petróleo. Neste contexto, prevê-se que o cenário do preço do combustível apresente uma tendência ascendente durante os próximos 15 anos, devido à tendência prevista para o aumento do custo de produção do petróleo, como se pode ver na Figura 4. Mais importante ainda, uma vez que a procura de fuelóleo com baixo teor de enxofre e de gasóleo naval irá aumentar, na sequência da aplicação da nova regulamentação ambiental, prevê-se que os preços do LSFO e do MGO aumentem muito mais rapidamente do que os do fuelóleo pesado e do GNL. O ano de partida na Figura 4 para os quatro tipos de combustíveis é 2010, em que o preço do fuelóleo pesado era de 650 $/MT (aproximadamente 15,3 $/mmBTU) e o do gasóleo naval de 900 $/MT (21,2 $/mmBTU). O GNL foi fixado em 13 $/mmBTU incluindo 4 $/mmBTU de custos de distribuição, no entanto, não se prevê que este custo de distribuição aumente nos próximos 15 anos (Germanischer Lloyd, 2012).

Como se pode ver na figura, e com uma forte coerência com o que foi referido anteriormente, prevê-se que os preços do gasóleo marítimo e do fuelóleo pesado com baixo teor de enxofre aumentem de forma constante até 2030, atingindo cerca de 32 $/mmBTU e 28 $/mmBTU, respetivamente. Embora o preço do fuelóleo pesado não aumente tão rapidamente como o MGO e o LSFO, a diferença entre o HFO e o GNL aumentará gradualmente, passando de cerca de 16 $/mmBTU e 13 $/mmBTU em 2010 para 19 $/mmBTU e 15,5 $/mmBTU em 2030, respetivamente.

Figura 5 Cenário de preços dos combustíveis

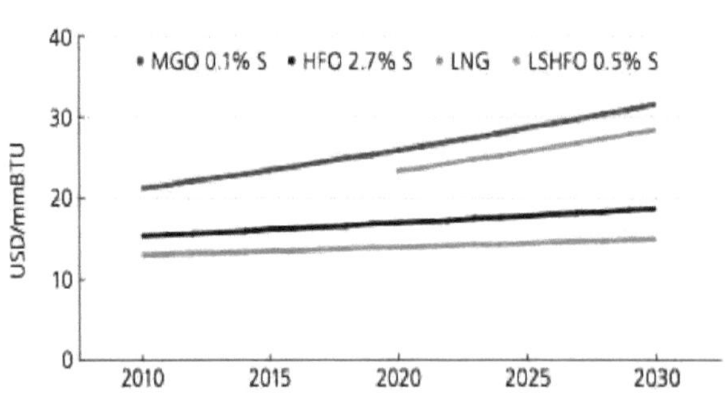

(Germanischer Lloyd, 2012)

2.1.2.1 Mercado atual e futuro de GNL

Como já foi referido, o consumo de GNL como combustível para transportes tem vindo a aumentar de forma constante ao longo da última década. Embora esta fonte alternativa de combustível tenha sido utilizada em várias esferas, tais como iniciativas industriais, declarações de fornecedores de tecnologia, investimento público em novas infra-estruturas, projectos de investigação emergentes e novas políticas e incentivos governamentais, no entanto, os desenvolvimentos da construção de novas infra-estruturas de abastecimento e importação de GNL, e o GNL como combustível marítimo em particular, também conhecido como navios movidos a GNL, atraíram mais atenção do que qualquer outra indústria desde que o GNL foi utilizado pela primeira vez em 2006 (The ICCT, 2013). A determinação crítica da perspetiva do GNL como combustível marítimo depende do preço a longo prazo em relação ao combustível convencional. Desde 2016, o preço da produção do campo de gás natural tem sido significativamente inferior ao do combustível convencional. Os cálculos de custos foram alterados por esta diferença significativa de preço do gás natural em relação às fontes de energia, como o carvão para o sector da eletricidade e dos transportes. Esta dinâmica tem-se verificado tanto nos EUA como na Europa.

A figura 5 mostra a diferença de preço entre o GNL e os dois principais combustíveis convencionais, HFO e LSFO, para os navios de alto mar. Como mostra a figura, nos três anos de 2010 a 2013, o preço do GNL oscilou geralmente entre 45% e 60% abaixo do preço do combustível convencional. No entanto, para os navios que operam nas ECAs da América do Norte e do Norte da Europa, que são obrigados a cumprir normas de emissão rigorosas, o GNL torna-se muito mais económico, oferecendo uma redução de preço por unidade de energia de 55% a 70% em relação ao LSFO. Juntamente com os novos regulamentos rigorosos em matéria de emissões a impor em 2015 e 2020 para as ECA, o combustível GNL poderá tornar-se mais competitivo em termos de custos (The ICCT, 2013). O mesmo cenário pode ser observado na Figura 6 para o mesmo período de tempo para os três tipos de combustível no mercado de Roterdão e Zeebrugge (Germanischer Lloyd, 2012).

Figura 6 Preço médio do gás natural liquefeito e dos tipos de fuelóleo derivados do petróleo nos Estados Unidos, 2010-2013

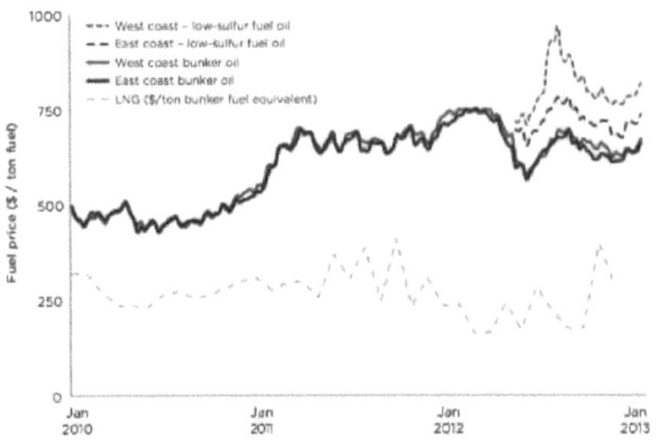

(O ICCT, 2013)

Figura 7 Preços do gás e do combustível para navios (médias mensais)

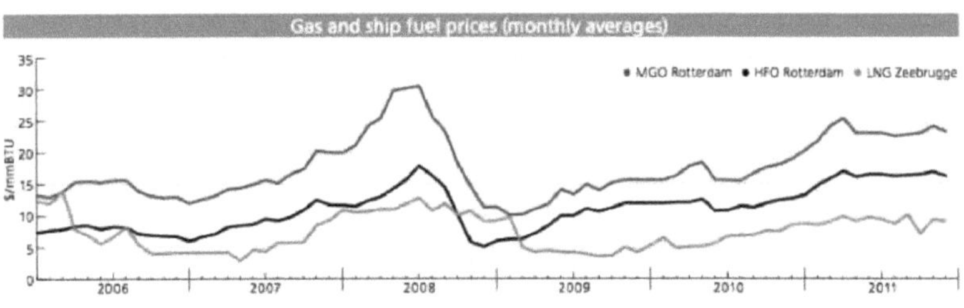

(Germanischer Lloyd, 2012)

Apesar de ser bastante claro que os preços do combustível GNL estão dissociados dos preços dos combustíveis convencionais, não é claro se esta diferença significativa de preços se manterá entre os EUA e a Europa ou se simulará o mercado asiático (The ICCT, 2013), pois segundo Adamchak (2013), a situação dos preços do GNL não é clara na Ásia. Os preços do combustível GNL na Ásia, nomeadamente no Japão, são superiores aos do fuelóleo intermédio (IFO) 380 CST, embora inferiores aos do MDO. Uma vez que a comparação é entre o GNL e o combustível convencional e não entre o gás natural e o combustível convencional, a necessidade de desenvolvimento de instalações de GNL e de capacidade de abastecimento será inevitável. A razão subjacente a este preço mais elevado é que a capacidade de importação de GNL dos compradores asiáticos de GNL é consumida em grande medida para distribuição e produção de energia eléctrica através de gasodutos para os sistemas de gás das cidades. Por conseguinte, a prestação de serviços de abastecimento de combustível aos navios através destas instalações não parece provável.

Em 2012, as importações de GNL do Japão constituíram aproximadamente 37% das exportações mundiais de GNL, seguidas pela Coreia do Sul (15%), Índia (6%), China (7%) e Taiwan (5%). Enquanto estes países asiáticos constituíam um total de 70% das exportações mundiais de GNL, a UE importava cerca de 19% do total das exportações de GNL e os EUA menos de 2%. Até março de 2011, três dos países da Ásia Oriental, o Japão, a China e a Coreia do Sul, competiam com a Europa em termos de importações de GNL. No entanto, esta diferença significativa de volume de importação ocorreu após o desastre de Fukushima em 2011, que também afectou a Coreia. Após o desastre, o volume das importações de GNL foi desequilibrado devido à compensação pela capacidade nuclear inativa. Além disso, os fornecedores de GNL foram incentivados pelo aumento da procura de GNL na China, a fim de diversificarem as suas carteiras de exportação (International District Energy Association, 2013)

Figura 8 Preços de GNL em terra na Europa e na Ásia Oriental

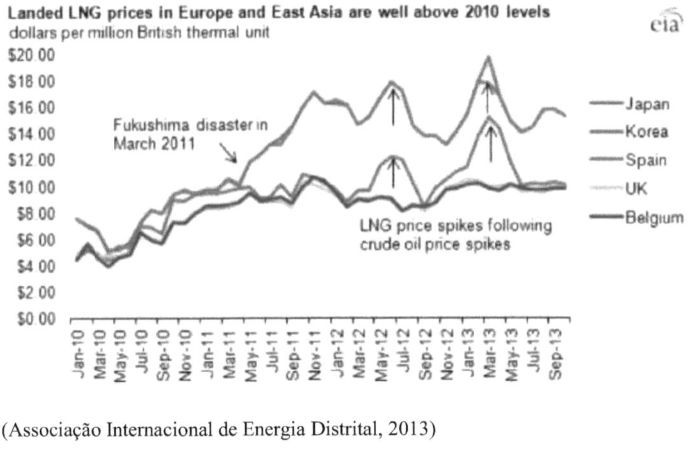

(Associação Internacional de Energia Distrital, 2013)

2.2 Quantum 9000- Novo conceito de navio porta-contentores alimentado a GNL

Embora os armadores tenham o poder de investir num navio novo ou em segunda mão e no tipo de tecnologia a equipar num navio, os factores comerciais e ambientais influenciam as decisões dos armadores. Ao longo da história, o desenvolvimento da tecnologia no sector dos transportes marítimos tem sido essencialmente impulsionado pelas alterações regulamentares devido a acidentes marítimos graves ocorridos no passado. Além disso, devido ao aumento da concorrência no sector dos transportes marítimos, os preços do fuelóleo e, consequentemente, os custos diários de funcionamento dos navios têm vindo a influenciar recentemente a escolha de investimento dos armadores. Embora a contentorização do transporte marítimo tenha começado na década de 1950, como a inovação no sector do transporte marítimo mundial é um processo lento, foi necessária mais de uma década para alcançar a normalização mundial do transporte por contentor e 30 anos para que a contentorização cobrisse 90% do mercado de mercadorias em geral (Lloyd's List, 2014)

Consequentemente, a necessidade de transporte marítimo aumentou significativamente e continuará a aumentar nos próximos anos. Entretanto, devido à tendência para a subida do preço do fuelóleo e à promulgação de regulamentos rigorosos em matéria de emissões nos próximos anos, o sector dos transportes marítimos tornou-se mais preocupado com a pegada ambiental dos transportes marítimos. Por conseguinte, o sector dos transportes marítimos tem procurado combustíveis alternativos para os navios, dos quais o GNL parece ser o combustível alternativo mais atraente devido às suas emissões significativamente baixas e ao seu preço razoável. Embora o GNL como combustível marítimo não seja uma tecnologia nova, tem sido utilizado como combustível marítimo há mais de uma década no segmento da pequena navegação. No entanto, como a indústria da navegação marítima é significativamente competitiva, particularmente no segmento dos grandes navios porta-contentores, os principais armadores de contentores interessaram-se por este assunto em particular. Por conseguinte, a DNV e a MAN Diesel & Turbo (2013) deram um passo em frente na utilização do GNL como combustível, passando do transporte marítimo de curta distância para o transporte marítimo de águas profundas, para ser utilizado em navios porta-contentores de maiores dimensões, apresentando um conceito de navio porta-contentores, o "Quantum 9000". Embora este conceito tenha sido considerado para o comércio entre a Ásia e os EUA através do Canal do Panamá devido à sua dimensão relevante para o novo Canal do Panamá, o mesmo sistema pode ser facilmente aplicado aos navios que efectuam o comércio entre a Ásia e a Europa, uma vez que a distância em ambas as rotas é praticamente a mesma.

2.2.1 Visão geral do conceito

Este conceito específico foi concebido para ser mais seguro e eficiente em termos ambientais do que os actuais navios porta-contentores de maiores dimensões. O novo motor bicombustível ME-GI como solução para as máquinas de GNL demonstra que é possível obter melhorias a nível das máquinas e do casco tirando partido da tecnologia existente e comprovada. No primeiro estudo concetual Quantum, foi introduzida uma máquina diesel-eléctrica com propulsão de cápsulas, que foi desenvolvida para os navios de cruzeiro, e uma nova tecnologia para os navios de contentores, em que o motor de parafuso único a dois tempos de baixa velocidade tem sido a melhor alternativa para a escolha da propulsão. Assim, o GNL como sistema de propulsão preferencial para navios de contentores foi introduzido através do Quantum 9000, tornando-o mais eficaz para os navios de contentores e disponível para os armadores. A principal mudança neste conceito específico é o local de alojamento, denominado Twin Island. Embora o conceito de ilha dupla seja adequado para navios porta-contentores de maiores dimensões, com uma capacidade de 12 a 14 000 TEU, e o conceito de ilha única seja comum para navios porta-contentores com uma capacidade de 9 000 TEU, ficou recentemente provado que existem vantagens significativas em passar de ilha única para ilha dupla no caso dos navios porta-contentores de menores dimensões. As principais caraterísticas e vantagens do novo conceito Quantum 9000 são destacadas no quadro 2, sendo o aumento do custo de construção e alguns desafios operacionais devido à grande distância entre o alojamento e a casa das máquinas principais as únicas desvantagens deste conceito específico. Os dados do projeto do navio-conceito Quantum 9000 podem também ser vistos na Figura 7.

Quadro 2 Principais caraterísticas e vantagens do Quantum 9000

Main features	Machinery	Hull design and arrangement	Twin island
	Efficiency improvements and reduced emissions are obtained with the MAN B&W two-stroke ME-GI gas engine. The benefits are:	The hull design and arrangement has been optimised for maximum space utilisation, minimum hull fuel consumption, minimum need for ballast water, and in-creased safety. The main benefits are:	
-Gas-fuelled main engine-two-stroke ME-GI	-Simple modification	-Better space utilisation with twin island	-Maximising carrying capacity
-Dual fuel auxiliary engines	-Conventional engine room	-Greatly improved sightline from the bridge	-Possible to place LNG tanks in the area below fwd wheelhouse
-Full fuel flexibility (HFO/DFO/LNG)	-Proven performance	-Sufficient LNG capacity without loss of cargo space	-Achieve better crew comfort thanks to lower vibration levels
-Optimised according to the operational profile	-High fuel efficiency	-Pressurised type-C LNG storage tanks for maximum reliability	-Reduce hatch cover deformations fwd
-Improved Energy Efficiency Design Index (EEDI)	-High fuel flexibility	-Reduced need for ballast water	-Less shaft length since E/R more aft
-Cost-efficient solutions	-High reliability	-Increased ship beam, reduced block coefficient	-Better load distribution, reduced trim and need for ballast water
		-4-blade propeller optimisation	-Increased safety by better visibility
			-Better load distribution, giving lower bending moment and reduced trim
			-Better sight, giving reduced collision risk when manoeuvring in port

(DNV and MAN Diesel & Turbo, 2013)

Figura 9 Conceito Quantum 9000 - Dados do projeto do navio

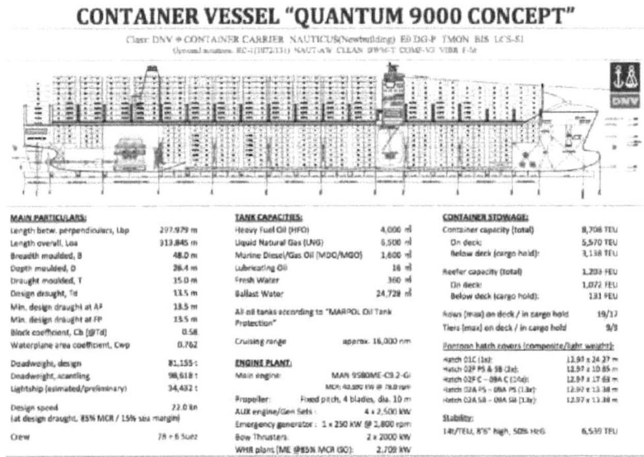

(DNV e MAN Diesel & Turbo, 2013)

2.2.2 Tanques de GNL

Em termos de tanques de combustível de GNL, existem vários tipos de tanques de GNL disponíveis para equipar a embarcação com um tamanho decente. Entre eles, uma vasta gama de tanques criogénicos pré-fabricados isolados a vácuo pode ser utilizada para embarcações mais pequenas com uma pressão de trabalho admissível até 20 bar, enquanto existem outros tipos de tanques de GNL disponíveis para embarcações maiores. Os tipos mais comuns são apresentados no Quadro 3.

Quadro 3 Tanques de combustível de GNL disponíveis para navios de maiores dimensões

Type of Tank	Features
Membrane tank design	Dominating for LNG carriers, but vulnerable to sloshing. BOR range 0.14-0.2% /day.
Spherical tanks, i.e. Moss type	Self-supporting and invulnerable to sloshing, but space problems and very few manufacturers. BOR 0.14-0.2%/day.
IHI type B tanks	Self-supporting and invulnerable to sloshing. Low-pressure tanks and built on a licence in some yards. BOR 0.14-0.2%/day.
TGE type C tanks	Single or bilobe design, 4 bar pressure vessel tank design (upto to travelling days), self-supporting and invulnerable to sloshing. BOR 0.21-0.23%/day.

(DNV e MAN Diesel & Turbo, 2013)

Entre os reservatórios de GNL supramencionados, os reservatórios do tipo IHI B e do tipo TGE C são os mais adequados para os grandes navios porta-contentores, pois permitem que o navio consuma combustível a partir de um reservatório parcialmente cheio, o que é um requisito básico quando o reservatório é utilizado para armazenamento de combustível. Os reservatórios acima referidos têm, no entanto, vantagens e desvantagens. No caso da conceção IHI, por exemplo, o reservatório pode ser facilmente adaptado à forma da área a colocar num navio, ao passo que os reservatórios do tipo C só podem ser colocados se a forma do casco for, em certa medida, seguida pela conceção bilobada, cuja capacidade máxima do reservatório é da ordem dos 20 000 cum. Isto significa que o tanque a ser utilizado para o armazenamento de combustível LNG é quase 2,5 vezes maior do que o tamanho de um tanque convencional de HFO. A melhor vantagem da utilização de um tanque TGE é o facto de poder acumular o gás de ebulição (BOG) no tanque de combustível de GNL durante o funcionamento. Por outras palavras, o sistema de compressão do BOG do GNL mantém a pressão do tanque de combustível de GNL num nível designado. Assim, uma vez que o sistema de compressão LNG BOG é compatível com o reservatório de combustível de GNL do tipo C, não será necessário qualquer método alternativo adicional para eliminar a necessidade de reliquefacção. Por conseguinte, este sistema específico foi escolhido para este conceito, a fim de proporcionar a forma mais eficiente de construir um navio porta-contentores alimentado a GNL.

2.2.3 Tempo de retorno

Em comparação com um navio convencional, o custo de investimento adicional em relação às poupanças futuras deve ser avaliado como o desempenho económico do conceito de navio, em que a diferença de preço do combustível convencional determina as poupanças futuras. Considerando os diferentes cenários de preços do fuelóleo, o tempo de retorno do investimento também apresenta algumas diferenças em conformidade. Como se pode ver na Figura 8

Figura 10 Recuperação calculada de investimentos adicionais, com uma taxa de desconto de 8%

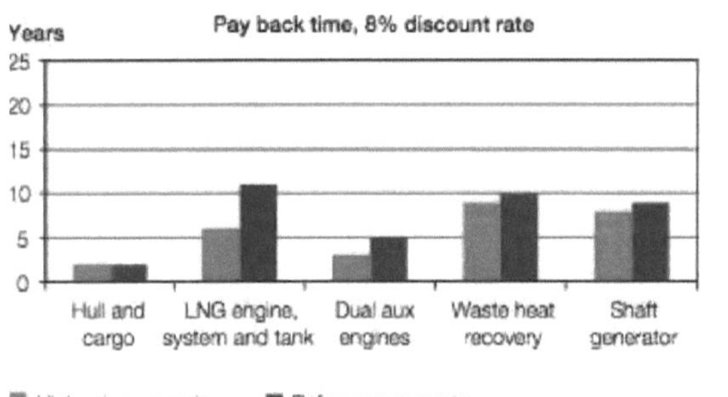

(DNV and MAN Diesel & Turbo, 2013)

O período de recuperação dos investimentos adicionais para o sistema de combustível GNL a bordo baseia-se em grande medida nos preços futuros do fuelóleo convencional. A maior diferença no tempo de retorno do investimento ocorre no caso do motor principal bicombustível de GNL, do sistema de abastecimento de combustível e dos tanques de GNL, quando se comparam os dois cenários. Neste contexto, o período de retorno do investimento será de aproximadamente seis anos se for tido em conta o cenário de preços elevados do fuelóleo e de 11 anos no cenário de referência. Uma vez que os reservatórios de GNL e o sistema de combustível de GNL já estão instalados para o motor principal bicombustível de GNL, o período de recuperação para os motores auxiliares duplos é consequentemente mais curto. Além disso, o período de recuperação varia entre 6 e 10 anos para o gerador de veios e os sistemas de recuperação de calor residual (WHR). Considerando todos os investimentos adicionais, a melhoria da construção e do arranjo do navio é o investimento adicional mais baixo e, consequentemente, o período de retorno mais curto. Note-se que os custos de investimento adicionais para o sistema de GNL no seu conjunto se baseiam nos preços actuais. A razão dos elevados custos de investimento deve-se ao facto de a procura do sistema de GNL a bordo dos navios ser relativamente baixa. No entanto, prevê-se que, quando a procura de navios alimentados a GNL aumentar e o volume de produção do sistema de combustível GNL a bordo for maior num futuro próximo, os custos de investimento do sistema poderão diminuir significativamente.

2.3 Adaptação de um navio porta-contentores de alto mar alimentado a GNL

Uma vez que os novos regulamentos em matéria de emissões entrarão em vigor para serem cumpridos nas ECAs a partir de 2015, e os armadores já foram convencidos a implementar o GNL como combustível, estão agora a procurar ativamente a forma de investir quer na adaptação de motores quer na aquisição de navios novos. Entre estas duas opções tecnológicas, a adaptação de um motor de navio existente ao GNL tem-se tornado cada vez mais um método eficaz, porque, especialmente para os fretadores e armadores que operam os seus navios com elevadas percentagens de participação nas ECA, a utilização de combustível GNL tem demonstrado uma rentabilidade significativa para as pequenas operações. Dependendo do espaço disponível para o depósito ou depósitos de GNL, se aplicável, todos os tipos de navios podem ser convertidos em motores bicombustíveis (Wartsila, 2012). No entanto, para serem convertidos, os navios devem estar equipados com motores a 2 tempos controlados eletronicamente ou com motores a 4 tempos semelhantes aos de duplo combustível (Almeida, 2012).

Além disso, encontrar um espaço suficiente para colocar o tanque de GNL é o elemento-chave para o sucesso da conversão de GNL a bordo de um navio porta-contentores. O armador pode determinar livremente a localização e a posição dos reservatórios de GNL a bordo do navio, na horizontal ou na vertical, no convés descoberto ou sob o convés, e todas estas opções foram aprovadas pelas sociedades de classificação, como a Det Norske Veritas- Germanischer Lloyd (DNV-GL), o American Bureau of Shipping (ABS) e o Lloyd's Register (LR). Em termos de requisitos das sociedades de classificação, a colocação dos tanques de GNL no convés principal exige menos requisitos do que a sua colocação abaixo do convés principal, geralmente na casa das máquinas do navio. Além disso, a instalação do reservatório de GNL no convés principal é simples e alguns requisitos relativos à ventilação do sistema de combustível de GNL podem ser contornados (Wartsila, 2012) (Man Diesel & Turbo, 2012). A figura 7 mostra que, no caso de um tanque de GNL a colocar na casa das máquinas de um grande porta-contentores, a perda de espaço de carga equivalente será de cerca de 450 TEU para os dois tanques de combustível. No entanto, dependendo do tamanho do tanque de GNL e considerando a capacidade total de um navio porta-contentores de 14 000 TEU, uma perda de 450 TEU para os tanques de combustível de GNL seria mais do que compensada pelo preço mais baixo do GNL em comparação com o HFO e pela redução das emissões realizadas (Shaw, 2013).

Figura 11 Redução do espaço de carga num navio porta-contentores alimentado a GNL

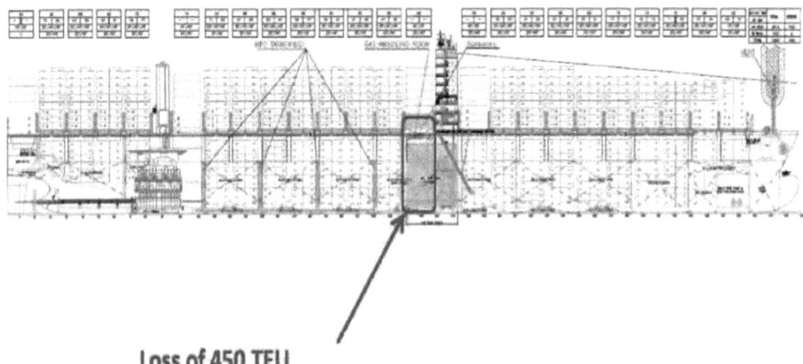

(Marcogaz, 2013)

A segunda fase importante a considerar é determinar se os motores existentes são adequados para a conversão em motores GNL bicombustível ou para a substituição por novos motores GNL bicombustível. No entanto, de acordo com Wartsila (2012), a conversão de um motor existente é mais económica do que a instalação de um novo, e é de notar que, uma vez que o motor convertido tem a mesma garantia que um motor novo, os custos de manutenção são consideravelmente mais baixos, uma vez que as horas de funcionamento do motor são repostas. No entanto, no caso de não ser adequado para a conversão, a substituição do motor existente por um novo torna-se a única opção de reequipamento. Para além da instalação de um novo motor GNL bicombustível, a caixa de velocidades e alguns outros motores auxiliares têm de ser substituídos para funcionarem em conformidade com o novo motor GNL bicombustível. No entanto, se a substituição do motor existente pelo novo motor GNL bicombustível não for o caso, a conversão bicombustível reduz a potência total de saída a bordo. No entanto, se a utilização da potência disponível existente for necessária para um desempenho na gama inferior, é aceitável na maioria dos casos. Caso contrário, a potência total de saída a bordo tem de ser compensada de alguma forma, por exemplo, desactivando a utilização do motor/gerador de veio.

A última consideração crucial é a idade do navio. Uma vez que a instalação de um sistema deste tipo requer um grande investimento, e se o navio estiver perto do fim da sua vida útil, é necessário um investimento mais avultado.

serviço ativo, a aplicação deste sistema nesse navio não seria rentável e nunca se pagaria (Wartsila, 2012).

Embora a adaptação pareça ser a melhor alternativa para a utilização de GNL como combustível e tenha atraído a atenção dos armadores, os custos de implementação desse sistema fazem com que os armadores se deparem com uma série de questões sobre os possíveis benefícios da utilização dessas tecnologias. No entanto, uma vez que os armadores e operadores têm conhecimento de outras tecnologias alternativas para reduzir as emissões de gases de escape dos navios, como os sistemas de tratamento dos gases de escape, também conhecidos por depuradores, estão interessados em saber se estas tecnologias podem ou não ser as soluções técnicas preferidas. Entretanto, os WHR avançados estão a tornar-se viáveis para aumentar a eficiência dos navios. Por conseguinte, a fim de esclarecer os armadores no que respeita a encontrar as melhores soluções através da comparação destas soluções alternativas, foi realizado um estudo conjunto pela Germanischer Lloyd (GL) e pela MAN (Man Diesel & Turbo, 2012), que será discutido mais adiante no presente estudo.

2.3.1 Custo da readaptação

Embora os custos de reequipamento variem consoante o tipo e a dimensão dos navios, o custo de um tanque de combustível de GNL constitui a maior parte do custo total de reequipamento. O custo do próprio reservatório de GNL varia também consoante o tipo e a dimensão do reservatório. A figura 12 ilustra os dois tipos de reservatórios de GNL que podem ser utilizados a bordo de um navio, com as suas vantagens e desvantagens. No entanto, o tanque de combustível de GNL do tipo C é principalmente adequado para reequipamento, enquanto o tipo A é mais adequado para novas construções. (Rede Europeia de Transporte Marítimo de Curta Distância, 2013)

Figura 12 Tipos de reservatórios de combustível de GNL

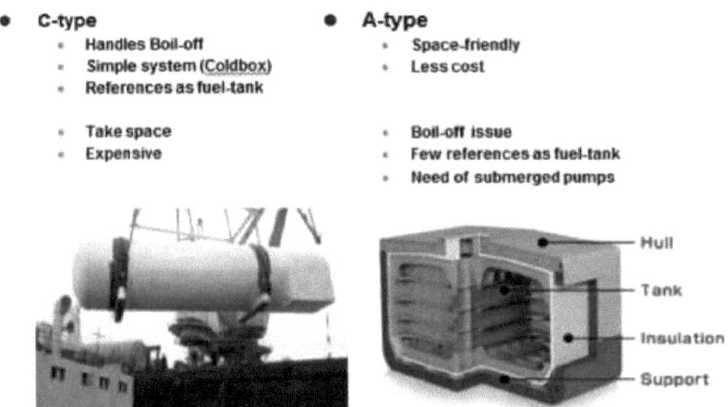

(European Shortsea Network, 2013)

Para que o estudo do GL tenha um raciocínio indutivo, seria útil identificar o custo de reequipamento de um navio porta-contentores de pequena dimensão, comparando-o com diferentes capacidades de tanques de GNL. Neste contexto, a Tabela 4 mostra o custo de reequipamento de um navio porta-contentores com capacidade para 800 TEUs para combustível GNL com um novo motor, ao passo que a Tabela 5 mostra o custo de conversão para motor bicombustível e instalação de um tanque de GNL num navio porta-contentores com capacidade para 1000 TEUs (DNV, 2013c).

Quadro 4 Custo do reequipamento de um navio porta-contentores para GNL com um novo motor

Melhorias	Custo
Depósitos de combustível tipo C: 2x250 cbm	2 milhões de euros
Novo motor - 5MW	1,5-2 milhões de euros
Nova caixa de velocidades, incluindo PTI e HSG	0,7-1,2 milhões de euros
Trabalho de conceção	0,3-0,5 milhões de euros
Trabalhos no jardim	1,3-2,5 milhões de euros
Custo total	6-8 milhões de euros

Criação do autor (European Shortsea Network, 2013)

Quadro 5 Custo da conversão para motor bicombustível e instalação de reservatório de GNL

Melhorias	Custo
Conversão de motores DF+ Unidade de válvula de gás (GVU)	1 milhão de euros
Tanque de GNL + Equipamento de gás (300 cbm)	1,3 milhões de euros
Trabalhos no jardim	1,8 milhões de euros
Custo total	4,1 milhões de euros

Criação do autor (DNV, 2013c)

Como mostram estes dois quadros, a poupança de custos resultante da diferença de custos entre a instalação de um novo motor e a conversão do motor existente num motor bicombustível é considerável (European Shortsea Network, 2013). No entanto, numa comparação, a conversão para um motor bicombustível a GNL parece mais dispendiosa do que o investimento adicional num sistema de combustível a GNL a bordo de um navio novo. A razão subjacente a este custo efetivo não é a diferença de preço das ferramentas e do equipamento, mas a perda de rendimentos e o elevado custo da mão de obra durante a conversão. Este facto pode acrescentar 15-20% ao custo de investimento adicional para a conversão do sistema bicombustível de GNL; consequentemente, o período de retorno do investimento aumentaria (DNV-GL, 2012).

Por conseguinte, a fim de realizar o raciocínio indutivo, seria útil examinar o estudo da joint venture GL e Man, que efectua os custos das tecnologias disponíveis: Scrubber,

WHR, sistema de GNL e sistema de GNL com WHR, aplicando-os a cinco tamanhos diferentes de navios porta-contentores, variando entre 2500 TEU e 18000 TEU, seria benéfico. No presente estudo, a tendência atual para a redução da velocidade é tida em conta como velocidade de projeto, sendo as rotas comerciais Europa-América Latina e Europa-Ásia selecionadas como viagens de ida e volta e a exposição ao ECA considerada como parâmetro de entrada principal, ver Figura 13.

Figura 13 Variantes de dimensão dos navios e perfis de rotas

TEU	Velocidade (nós)	Potência do motor principal (kW)	Viagem de ida e volta (nm)	quota-parte do TCE por defeito
2,500	20	14,500	5,300	65.1%
4,600	21	25,000	13,300	11.0%
8,500	23	47,500	23,000	6.3%
14,000	23	53,500	23,000	6.3%
18,000	23	65,000	23,000	6.3%

(Germanischer Lloyd, 2012)

Para além da importância das dimensões e do número de tanques de GNL a colocar num navio porta-contentores, os armadores também precisam de conhecer a potência exacta do motor instalado para que este funcione em conformidade com o tanque de GNL adequado e a sua dimensão. Neste caso, as figuras 14 e 15 ilustram o volume necessário do reservatório de GNL e os custos adicionais específicos da instalação de GNL para cada navio projetado, em função da potência total instalada do motor a bordo, respetivamente. A razão da discrepância entre as potências dos motores de cada navio na figura 14 e na figura 15 reside no facto de a potência do motor auxiliar ser adicionada à potência do motor principal, indicada na figura 13. No entanto, as estadias no porto e os tempos de trânsito marítimo determinam as cargas totais das máquinas de um navio, que, por sua vez, dependem da rota selecionada. Além disso, o volume do reservatório de GNL selecionado foi calculado de modo a que o navio tenha uma resistência de meia volta. A razão subjacente é evitar custos de investimento adicionais no sistema de GNL, o que, no entanto, também provocaria a volatilidade dos preços do combustível. Na Figura 15, o custo por unidade de potência motriz não só abrange o motor principal e os custos do depósito de GNL, mas também a preparação do gás, a tubagem de gás e a estação de abastecimento. Para além disso, considera-se a perda de slots de TEU para a colocação do tanque de GNL, o que causará perdas de receitas aplicadas a cada viagem consecutiva (Germanischer Lloyd, 2012).

Considerando a dimensão de todos os navios na figura 15, os navios Post Panamax plus (5 000 TEU a 8 500 TEU) e New Panamax (11 000 TEU a 14 500 TEU) registam as maiores perdas, com 3% do total de slots de vinte unidades equivalentes disponíveis, em comparação com os Post New Panamax (15 000 TEU) e os navios Triple E de conceção mais recente (18 000 TEU). No entanto, há outros custos de exploração adicionais, como a tripulação, a manutenção e as peças sobresselentes, que se presume serem cerca de 10% superiores aos dos navios de referência.

Figura 14 Estimativa do volume dos reservatórios de GNL para navios de várias dimensões

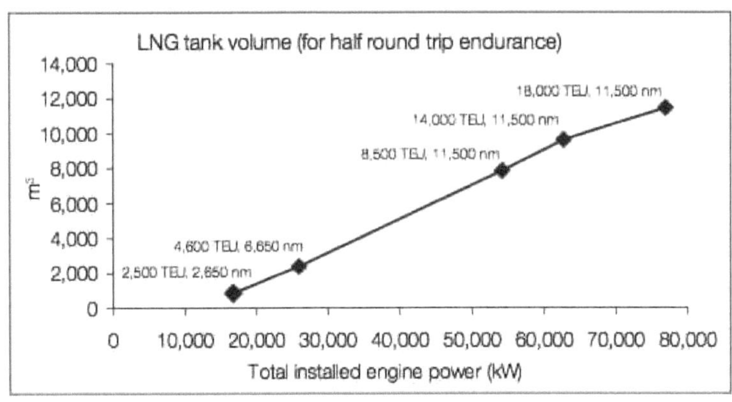

(MAN, 2012)

Figura 15 Custos adicionais específicos da instalação de GNL para navios de diferentes dimensões

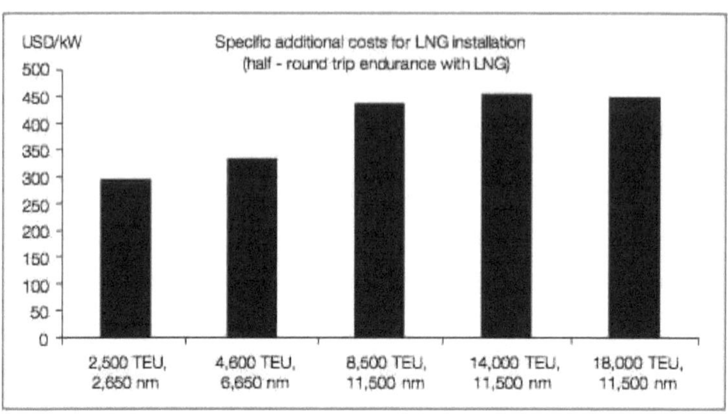

(MAN, 2012)

De acordo com a Canadian Natural Gas Vehicle Alliance (2014), os custos de capital dos sistemas de propulsão a GNL, tanto na construção nova como na adaptação, são consideravelmente mais elevados do que os dos sistemas convencionais. A título de exemplo, para a conversão de um navio porta-contentores de 2 200 TEU, o sistema de propulsão a GNL custaria até 14 milhões de USD, ao passo que para um navio porta-contentores novo de 6 500 TEU, o custo seria de 19 milhões de USD para o combustível convencional e de 55 milhões de USD para o sistema bicombustível a GNL. Neste contexto, a diferença de preço de 36 milhões de USD entre o sistema convencional e o sistema duplo de GNL deve ser entendida como o custo adicional do sistema de combustível GNL a bordo de um navio novo. Em termos de período de retorno, a Figura 16 ilustra como o tempo de retorno para um navio porta-contentores de alto mar de 6.500 TEU difere em função das flutuações do preço do GNL na gama de 8 a 16 dólares/Gigajoule (GJ), calculando-o com base no custo fixo presumido do fuelóleo intermédio (IFO) 380 de 600 dólares por tonelada (15 dólares/GJ) e de 1.190 dólares por tonelada (23 dólares/GJ) para o combustível ultrabaixo.80/GJ) para o gasóleo com teor de enxofre ultra baixo (ULSD), em que o consumo de IFO é considerado quando o navio opera fora da ECA e passa para ULSD dentro da ECA.

Figura 16 Um navio de alto mar de 6 500 TEU: sensibilidade do período de retorno ao preço do GNL

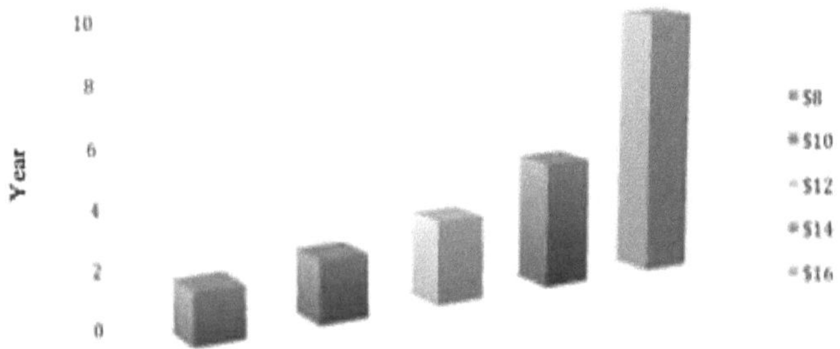

(Canadian Natural Gas Vehicle Alliance, 2014)

2.4 Abastecimento de GNL

Desde a entrada em funcionamento do primeiro navio alimentado a GNL, em 2000, as operações de abastecimento de GNL a navios alimentados a GNL têm sido bem sucedidas. Prevê-se que a atual frota mundial de 42 navios alimentados a GNL triplique até 2014 e atinja cerca de 1000 navios em 2020, aumentando 23 vezes. Estão atualmente encomendados 37 navios novos e duas conversões de navios alimentados a GNL, que deverão ser entregues nos próximos 3 anos (DNV, 2013b) (DNG GL, 2013). Por conseguinte, é crucial melhorar as infra-estruturas de abastecimento de GNL a nível mundial, em paralelo com o aumento da frota mundial de navios alimentados a GNL. No entanto, apesar de terem sido criadas infra-estruturas de abastecimento de GNL nos principais portos marítimos do mundo, esta evolução não incentivou os armadores ou operadores de navios a considerarem a possibilidade de os seus navios utilizarem GNL como combustível. Embora sejam atualmente poucos os portos que dispõem de instalações de abastecimento de GNL, há um número significativo de portos marítimos, incluindo portos centrais e portos satélites, que estão a considerar seriamente a possibilidade de desenvolver sistemas de abastecimento de GNL a partir de 2015.

No entanto, a baixa procura de abastecimento de GNL tornou o preço do GNL menos competitivo e, consequentemente, os custos de distribuição significativamente mais elevados (European Shortsea Network, 2013).

Por conseguinte, a maioria dos armadores não está atualmente disposta a converter os seus navios para motores de duplo combustível ou a encomendar novos navios alimentados a GNL. Consequentemente, há muito poucos navios alimentados a GNL a operar em determinadas zonas e a maioria das novas encomendas destina-se a ser explorada fora da SECA europeia. No entanto, uma vez que se prevê que o GNL seja mais rentável e que a quota de navios novos seja cada vez maior, as economias de escala terão, por conseguinte, um efeito gradual positivo, o que levará à diminuição do preço do GNL e do seu fornecimento, o que tornará o GNL uma alternativa atractiva à LSFO até 2020. Paralelamente a estas melhorias, a fim de garantir a segurança e a eficácia das operações e de fornecer o equipamento e as soluções técnicas necessárias, a normalização internacional ganhará maior importância para o sistema de abastecimento de GNL (European Shortsea Network, 2013).

Por conseguinte, embora as operações de abastecimento de GNL tenham sido bem sucedidas, a falta de regulamentação das operações de abastecimento de GNL tem sido um dos principais obstáculos à implementação global de navios alimentados a GNL, uma vez que não existe qualquer regulamentação oficial que expresse as regras de abastecimento de GNL em termos de segurança e eficácia. O âmbito da OMI abrangeu tudo o que diz respeito à instalação de maquinaria para propulsão e fins auxiliares para o tipo específico de navio alimentado a GNL, estabelecendo uma publicação, "*Diretrizes provisórias sobre a segurança da instalação de motores alimentados a gás natural em navios*" (Society for Gas as a Marine Fuel (SGMF), 2013). No entanto, embora toda a distribuição de combustível GNL, desde os poços naturais até ao abastecimento da embarcação de combustível GNL, deva ser considerada um sistema complementar, a jurisdição da OMI apenas abrangeu a embarcação propriamente dita, mas não abrange mais do que a ligação da flange para abastecimento. Embora existam algumas normas e códigos abrangidos por alguns regulamentos terrestres relativos ao abastecimento de GNL, estes obstáculos foram ultrapassados através das duas recentes publicações de recomendações oficiais, a norma ISO (2013) como projeto e a Prática Recomendada DNV-GL (2014) (DNV, 2013d).

Cuidar da conceção e do desenvolvimento de cada aplicação específica é a principal resposta do sector marítimo à falta de regulamentação e de normas. As metodologias de documentação, desenvolvimento técnico e análise de risco são abrangidas por estas práticas de recomendação. Além disso, o porto de Gotemburgo foi o primeiro porto a criar um projeto deste tipo com o objetivo de fornecer abastecimento de combustível a um ferry de passageiros e veículos, estabelecendo práticas. Desde então, a viabilidade do abastecimento de GNL em alguns dos principais portos do mundo, como Hamburgo, Roterdão, Singapura e Zeebrugge, foi avaliada quanto à sua adequação às instalações de abastecimento, que serão discutidas mais adiante (DNV, 2013d).

O desenvolvimento de instalações de abastecimento de GNL nestes portos-chave, que se situam nos dois extremos da rota comercial mais competitiva, desempenha um papel significativo na vontade dos armadores de utilizarem o combustível GNL. Por outras palavras, estas publicações constituirão marcos importantes para eliminar o risco técnico e operacional para as partes interessadas (armadores e portos) que estejam dispostas a investir em terminais de abastecimento de GNL e em navios alimentados a GNL.

2.4.1 Principais portos de abastecimento de GNL e sistema de abastecimento actuais

Devido à rápida aproximação do calendário para a implementação dos rigorosos limites de enxofre nas ECAs, alguns dos principais portos marítimos mundiais estão a desenvolver as suas infra-estruturas para se adaptarem rapidamente aos regulamentos ambientais que se avizinham, e pretendem também responder rapidamente às necessidades ambientais dos utilizadores dos portos para obterem vantagens competitivas. Por conseguinte, estes portos estão bem cientes de que o GNL é uma das melhores formas alternativas de combustível para os navios, o que pode fazer com que os portos atinjam estes objectivos (Wang e Notteboom, 2014). Neste caso, a Lloyd's Register (2012) realizou um inquérito a 13 portos de abastecimento de combustível em alto mar sobre a probabilidade de desenvolver infra-estruturas de abastecimento de GNL nestes portos selecionados. O objetivo deste inquérito é avaliar a sensibilização dos portos para o GNL como combustível alternativo e os seus planos futuros para desenvolver a sua infraestrutura de abastecimento de GNL.

Em termos de consciencialização, 40% dos portos inquiridos acreditam que é muito provável que o GNL seja utilizado como combustível para o comércio marítimo de alto mar, tendo-se verificado que a disponibilidade e o preço, a regulamentação local e a segurança em termos de questões operacionais são os principais factores para a mudança para o combustível GNL. No entanto, no que diz respeito à regulamentação local, muito poucos dos portos inquiridos dispõem de regulamentação em matéria de abastecimento de GNL, enquanto a maioria dos portos considera que serão impostas restrições rigorosas ao abastecimento de GNL. Além disso, a vantagem comercial mais bem classificada para um porto oferecer instalações de abastecimento de GNL é a localização geográfica do porto em relação às ECA. Em termos de planos de infra-estruturas de abastecimento de GNL dos portos, ao contrário do que se pensa, oito dos 13 portos que responderam não têm planos de desenvolvimento de abastecimento de GNL, ver Figura 17.

Figura 17 Análise das respostas dos portos à disponibilização de instalações de abastecimento de GNL

Port	Developing LNG bunkering infrastructure?	Year that ECA or global sulphur limit takes effect
Gothenburg	Yes	Current (in port area only)
Southampton	No	Current
Zeebrugge	Yes	Current
Algeciras	No	2020
Rotterdam	Yes	Current
Piraeus	No	2020
Nynäshamn	Yes	Current
Fujairah	No	2020
Houston	No	Current
Vancouver	No	Current
Singapore	Yes	2020
Shanghai	No	2020
New York	No	Current

(Lloyd's Register, 2012)

No entanto, estes portos, que atualmente não têm quaisquer planos de desenvolvimento, estão a considerar seriamente a possibilidade de desenvolver infra-estruturas de abastecimento de GNL, prevendo-se que os fundos necessários para esse desenvolvimento sejam financiados pelas empresas privadas operadoras portuárias do porto. Entre todos estes portos, os portos europeus foram os que mais trabalharam e investigaram o combustível GNL. Assim, estes portos são os que têm a opinião mais clara de que o abastecimento de GNL deverá desenvolver-se gradualmente, desde o transporte marítimo de curta distância até ao transporte marítimo de alto mar. No entanto, a procura é o principal fator determinante, dependendo do preço do GNL e da sua diferença de preço em relação a outros combustíveis convencionais, como o LSFO e o MDO. Além disso, de acordo com o inquérito realizado aos armadores no âmbito do presente estudo, é consensual que os navios de transporte marítimo regular são os mais adequados para o abastecimento de GNL, o que permite que os armadores de navios de cruzeiro, seguidos dos armadores de navios porta-contentores, tirem partido das opções de motores alimentados a GNL em termos de benefícios a médio e longo prazo (Lloyd's Register, 2012) (Lloyd's Register, 2014). Como mencionado anteriormente, alguns dos principais portos do Norte da Europa já estão a disponibilizar instalações de abastecimento de GNL e, até 2020, serão disponibilizadas instalações de abastecimento de GNL nas rotas globais de alto mar, em particular na rota mais competitiva, Ásia-Europa (Lloyd's Register, 2014).

Para mais pormenores sobre os portos europeus, foi realizado pela Port Economics e pela Port Technology um estudo conjunto sobre oito importantes portos europeus, que prestam serviços de abastecimento de GNL localizados no Mar Báltico e no Mar do Norte. Estes portos, alguns dos quais já foram analisados no estudo da Lloyd's Register (2012), desempenham um papel significativo no abastecimento de GNL para o tráfego Ásia-Europa. Embora estes oito portos se tenham concentrado recentemente no abastecimento de GNL, as diferentes expectativas do mercado e as condições operacionais alteram os planos de desenvolvimento dos portos selecionados. Neste contexto, a Figura 18 ilustra de forma mais aprofundada a cronologia dos projectos de abastecimento de GNL nos oito portos, enquanto a Figura 19 ilustra a atual e a previsão da infraestrutura global de abastecimento de GNL até 2020 (Wang e Notteboom, 2014).

Figura 18 Cronologia dos projectos de abastecimento de GNL nos oito portos

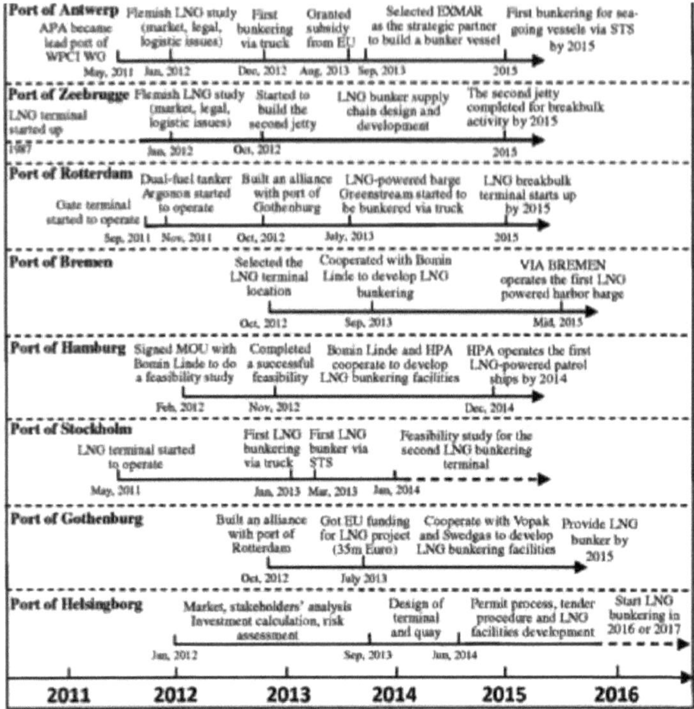

Note: APA: Antwerp port authority.
WPCI WG: World Port Climate Initiative (WPCI) working group for standardizing the port regulations governing LNG.
VIA BREMEN: the brand name of port management company for port of Bremen
MOU: Memorandum of understanding
HPA: Hamburg port authority

(Port Economics, 2014)

Para salientar a importância de alguns portos europeus relacionados; tendo aceite o convite para ser o porto líder do grupo de trabalho sobre GNL, World Port Climate Initiative (WPCI), a perspetiva de abastecimento de GNL começou em 2011 no Porto de Antuérpia. O principal objetivo deste grupo é normalizar os regulamentos de abastecimento de GNL, aumentar a sensibilização do público e avaliar os perímetros de risco de abastecimento. Neste caso, o abastecimento de GNL foi concretizado quando o petroleiro bicombustível Argonon forneceu combustível GNL por camião em 2012, após a apresentação da "lista de verificação de abastecimento de camiões a navios" pelo grupo de trabalho WPCI. No entanto, a primeira operação de abastecimento de combustível do Argonon foi efectuada por camião no porto de

Roterdão, aquando do seu lançamento em 2011.

Além disso, a vantagem de ter um dos mais antigos terminais de GNL da Europa faz com que o porto de Zeebrugge tenha uma posição favorável para o desenvolvimento de instalações de abastecimento de GNL. Por conseguinte, a promoção do GNL dá ao porto de Zeebrugge uma oportunidade significativa para aumentar a sua atual condição de principal porto de abastecimento de GNL no Norte da Europa (Porto de Antuérpia, 2013a) (Wang e Notteboom, 2014).

Figura 19 Atualidade e previsão da infraestrutura global de abastecimento de GNL até 2020

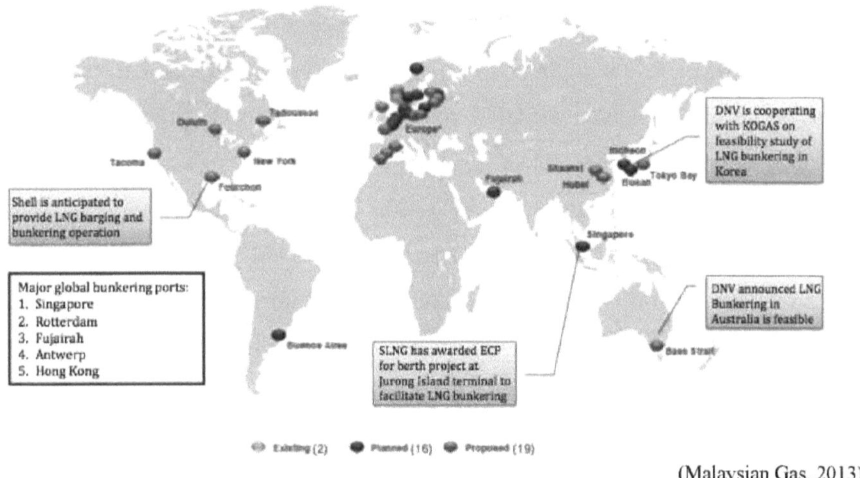

(Malaysian Gas, 2013)

2.4. 2Desenvolvimento futuro do abastecimento de GNL

Para além dos recentes desenvolvimentos das actuais infra-estruturas de abastecimento de GNL nos portos europeus e asiáticos conexos, existe um número significativo de planos de desenvolvimento adicionais para satisfazer a procura de navios alimentados a GNL. Na Europa, para expandir as actuais instalações, a empresa EXMAR, proprietária de navios de gás, foi designada pelo porto de Antuérpia como sua aliança estratégica para realizar operações de abastecimento de GNL navio a navio a navios de alto mar, através da construção de um navio de abastecimento de GNL. Assim, prevê-se que a primeira operação de abastecimento de combustível navio-navio seja efectuada em 2015. Uma vez que tem havido colaborações bem sucedidas entre os portos europeus, quando o porto de Antuérpia alargar as suas instalações de abastecimento de GNL através da construção de tanques de armazenamento de GNL em terra ou de uma fábrica de liquefação em pequena escala num futuro próximo, o novo navio de abastecimento estará a carregar combustível GNL a partir do porto mais próximo que é Roterdão ou Zeebrugge (Porto de Antuérpia, 2013b). Antes deste plano de desenvolvimento, o porto de Zeebrugge já tinha iniciado a construção de um segundo cais para continuar a ser um dos portos promissores entre os portos europeus. Prevê-se que o novo cais, que poderá fornecer GNL a uma vasta gama de navios de GNL, esteja operacional em 2015. No entanto, o estabelecimento de uma cooperação internacional entre três grandes portos de abastecimento de combustível, Antuérpia, Zeebrugge e Singapura, em setembro de 2013, permitirá a estes três importantes portos em termos de abastecimento de GNL reforçar as suas actuais infra-estruturas de abastecimento de GNL em paralelo com a procura de navios de grande dimensão alimentados a GNL. Por outras palavras, os dois portos europeus cooperarão com o porto de Singapura para o futuro do abastecimento de GNL. Entretanto, o porto de Roterdão começou a construir um novo terminal junto ao terminal de GNL de Gate em 2011, com os dois dos três operadores portuários privados do terminal de Gate, a Vopak e a Gasunie. No entanto, este novo terminal não fornecerá combustível GNL a navios de maiores dimensões, mas sim a pequenos navios de mar, barcaças de abastecimento e lories (Wang e Notteboom, 2014), ao passo que foi assinado um primeiro contrato entre um fornecedor de serviços completos de GNL como combustível, a Bomin Linde LNG, e a companhia de navegação Aktien- Geselllschaft (AG EMS), com vista à construção e exploração de terminais de abastecimento de GNL em Hamburgo e Bremerhaven. Após a conclusão dos primeiros terminais de abastecimento de GNL em 2015, estes fornecerão inicialmente abastecimento de GNL para ferries de passageiros operados pela AG EMS, no entanto, estes terminais serão construídos numa base modular e poderão ter flexibilidade suficiente para serem expandidos a fim de satisfazer um aumento da procura (World Maritime News, 2013) (Porto de Hamburgo, 2014).

2.5 Resumo

Este capítulo mostra claramente que a decisão de utilizar o GNL como combustível para navios é motivada por dois factores principais: a regulamentação ambiental e os preços elevados do fuelóleo.

Embora os benefícios comerciais da utilização do GNL como combustível marítimo dependam muito dos preços do FO, os actuais preços elevados do combustível HFO, em particular do LSFO, e juntamente com os regulamentos rigorosos em matéria de emissões de SOx e NOx a serem impostos até 2015 e 2020, respetivamente, levaram os armadores a considerar a melhor tecnologia alternativa, a fim de obterem benefícios económicos nesta indústria competitiva. No entanto, o aspeto mais crucial é saber se vale ou não a pena implementar este sistema específico em termos de investimento e do seu período de retorno. Embora a adaptação de um navio porta-contentores de GNL existente ou de construção recente possa custar muito dinheiro, em termos de período de retorno do investimento, parece que a utilização desta tecnologia tem uma vantagem significativa em termos de custos a médio/longo prazo. Consequentemente, o GNL como combustível marítimo tem sido utilizado há mais de uma década e tem revelado uma vantagem significativa em termos de custos para aqueles que operam os seus navios com percentagens elevadas nas ECAs para o pequeno comércio, uma vez que estas zonas exigem regulamentos mais rigorosos em matéria de emissões de SOx. No entanto, como a regulamentação mais rigorosa em matéria de emissões fora das ECA será imposta até 2020, tem havido considerações significativas quanto à aplicação desse sistema aos grandes navios porta-contentores, que operam na rota comercial mais competitiva. No entanto, uma vez que não existe qualquer navio porta-contentores de maiores dimensões alimentado a GNL a operar nesta rota, as previsões mostram que seria significativamente benéfico para os aspectos comerciais e ambientais, especialmente na sequência da promulgação de regulamentos de emissões mais rigorosos para fora das ECA em 2020. Além disso, a colaboração entre as partes interessadas no desenvolvimento da infraestrutura de combustível GNL também encorajaria os armadores a considerarem seriamente a possibilidade de aplicarem essa tecnologia nos navios porta-contentores existentes ou nos novos. Embora os recentes desenvolvimentos das infra-estruturas de abastecimento de GNL nos portos europeus e asiáticos estejam operacionais para os navios de pequeno segmento, estas infra-estruturas foram concebidas e desenvolvidas com capacidade de expansão em caso de procura de navios maiores alimentados a GNL.

CAPÍTULO 3 Metodologia

A fim de atingir os objectivos de um projeto, é realizada uma abordagem metodológica numa dissertação. Neste contexto, em termos de consecução dos quatro objectivos acima referidos, a avaliação dos dados secundários e primários foi beneficiada (Saunders 2007). Os dados secundários foram realizados para rever a literatura da área temática relacionada através da recolha de dados de organismos reguladores, tais como os relatórios e estudos de conceito da Lloyd's Register e da DNV, enquanto os dados primários foram recolhidos através de entrevistas a pessoas especializadas na indústria marítima para analisar a situação atual e justificar o benefício comercial da utilização do GNL como combustível marítimo alternativo (Kothari 2004) (Saunders et al., 2007).

3.1 Abordagem e filosofia da investigação

Entre a teoria e a investigação existe uma relação recíproca, uma vez que as teorias e a investigação se estruturam e se informam mutuamente. Além disso, durante a realização da investigação, é possível identificar as duas principais abordagens para avaliar a relação recíproca entre teoria e investigação. As duas abordagens identificadas são a indutiva e a dedutiva. Em ambas as abordagens de investigação, a teoria é crucial. No entanto, existe uma grande diferença entre a teoria e a investigação, pelo que as abordagens indutiva e dedutiva da investigação diferem entre si (Blackstone, 2012).

Neste caso, Saunders *et al.* (2012) afirmam que o investigador deve selecionar um destes dois métodos de abordagem de investigação para atingir os objectivos da investigação. Nestes dois métodos, a abordagem indutiva da investigação consiste em recolher dados que sejam relevantes para o objetivo e os objectivos da tese. Por outras palavras, a abordagem indutiva é iniciada com a observação, a fim de conceber uma teoria como resultado da discussão de dados primários e secundários; a abordagem dedutiva da investigação, por outro lado, desenvolve uma hipótese baseada numa teoria existente, visando a confirmação da teoria. Em palavras simples, a abordagem dedutiva é conduzida do geral para o mais específico (Neuman, 2011). A Figura 20 demonstra como a estrutura dedutiva e indutiva deve ser seguida. Neste estudo, foi realizada uma abordagem de investigação dedutiva para responder à hipótese de que a utilização de combustível GNL em grandes navios porta-contentores é viável em termos técnicos e económicos através da teoria existente sobre a utilização de GNL como combustível na navegação marítima.

Figura 20 Abordagem dedutiva e indutiva

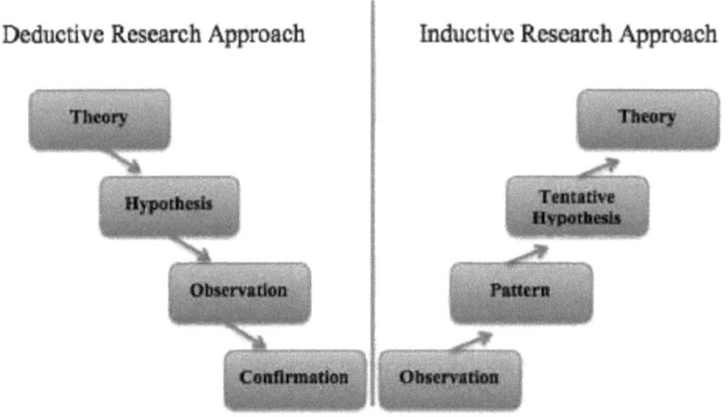

Criação do autor (Saleem, 2008)

A filosofia de investigação é definida como "*um termo abrangente relacionado com o desenvolvimento do conhecimento e a natureza do conhecimento em relação à investigação*" por Saunders *et al.* (2012, p.127), e existem quatro tipos de filosofias de investigação conduzidas ao longo do estudo: positivismo, interpretativismo, pragmatismo e realismo. Espera-se que o investigador realize o estudo adoptando um dos quatro tipos de filosofias. Neste caso, a filosofia do interpretativismo, que é definida como "*a posição epistemológica que defende a necessidade de compreender as diferenças entre os seres humanos no seu papel de actores sociais*", foi adoptada neste estudo (Saunders *et al.,* 2012, p. 137). A razão pela qual foi escolhida a filosofia do interpretativismo é que esta situa as práticas de criação de significado dos factores humanos no centro da explicação científica (Yanow e Schwartz-Shea, 2006). Além disso, uma vez que o estudo exige uma tomada de decisão por parte dos armadores ou operadores sobre a viabilidade do sistema de combustível GNL a bordo de um grande navio porta-contentores, a adaptação da investigação interpretativista a este estudo é o método mais adequado entre os quatro tipos de filosofia de investigação. De forma mais aprofundada, a implementação do sistema de combustível GNL como um todo num navio, avaliando os factores determinantes, e o tipo de sistema, reequipamento ou construção nova, baseiam-se na opinião e na decisão dos armadores ou operadores. Por conseguinte, avaliando as acções e os motivos dos indivíduos na indústria marítima e os dados existentes que foram recolhidos como dados secundários, a teoria pode ser concluída de forma mais eficaz e precisa.

3.2 Recolha de dados

A recolha de dados é um processo crucial em termos de recolha e avaliação da informação sobre as variáveis de interesse e permite ao investigador responder às questões de investigação formuladas (Biggam 2011). Assim, é necessária uma compreensão dos vários tipos de dados aliados às várias abordagens, métodos e técnicas precisas de recolha de dados para que a recolha de dados seja bem planeada e gerida. Isto permitirá ao investigador decidir quais os dados que serão utilizados para concluir o projeto ao longo da dissertação (Lancaster 2005). Neste contexto, foram utilizados dois métodos, os dados secundários e os dados primários, para atingir o objetivo do tema, avaliando e revendo os objectivos e, consequentemente, para alcançar o resultado esperado.

3.2.1 Dados secundários

Compreender, avaliar e reanalisar os dados que já foram recolhidos, que podem ser encontrados numa série de fontes diferentes e exactas, é o primeiro passo da utilização de dados secundários (Saunders *et al.* 2007). Por conseguinte, diferentes tipos de fontes, tais como relatórios de empresas e/ou organismos reguladores, artigos e estudos conceptuais foram recolhidos como dados secundários para este projeto. No entanto, de acordo com Lancaster (2005), antes de recolher todos os dados necessários, os dados secundários internos e externos devem ser tidos em consideração como os principais tipos de dados secundários necessários. Os dados secundários internos são dados que já existem através de relatórios anuais de organismos reguladores, relatórios de análise do mercado de transporte marítimo e estudos conceptuais. A principal vantagem da utilização de dados secundários internos é que os dados relacionados recolhidos pelas empresas são organizados de forma coerente com a atividade que a organização desenvolve. Por outras palavras, os dados secundários internos são vistos como uma parte do sistema de informação de gestão da empresa, e outra importância da utilização deste tipo de dados é o facto de estarem relativamente actualizados (Lancaster 2005).

Os dados secundários externos abrangem todos os dados que já existem, mas que, desta vez, são recolhidos fora das organizações. O perigo de sobrecarga de informação através deste tipo de dados é considerado como a principal desvantagem do seu tipo. No entanto, a recolha destes dados a partir de artigos, jornais online, estudos anteriores e revistas electrónicas desempenha um papel significativo em termos de análise e avaliação do tema de investigação (Lancaster 2005).

3.2.2 Dados primários

Uma vez recolhidos os dados necessários e compostos os dados secundários, foram recolhidos novos dados para responder às questões de investigação e realizar o processo de justificação, contribuindo para uma série de informações que sublinham a viabilidade do projeto. Este processo da dissertação é designado por dados primários (Ghauri *et al.* 2005). De uma forma mais aprofundada, a recolha de dados primários é um processo de obtenção de novos dados, que não foram recolhidos anteriormente ou que simplesmente não existem, e que é efectuada de duas formas, através da análise de dados *quantitativos ou qualitativos*. Além disso, o estudo pode ser efectuado através de uma combinação de análise de dados quantitativos e qualitativos, o que é conhecido como *abordagem de triangulação* (Lancester 2005). No entanto, a fim de obter um melhor resultado no final deste estudo, foram efectuados dados qualitativos. De acordo com Ghauri (2005), existem várias formas de efetuar os dados primários, que são ilustradas na Figura 21.

Figura 21 Fontes de dados primários

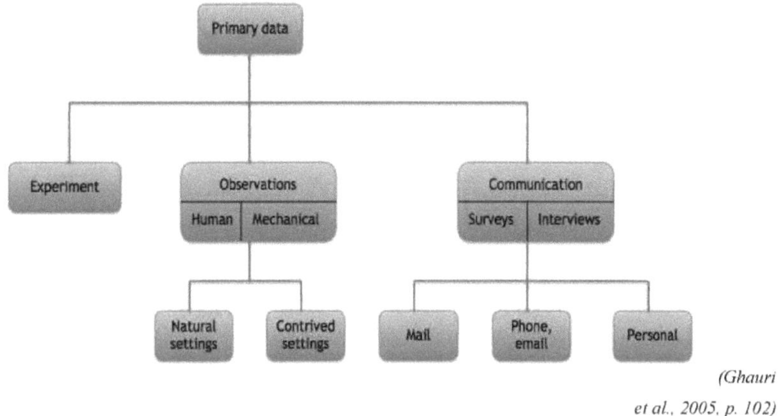

(Ghauri et al., 2005, p. 102)

Como se pode ver na Figura 21, os dados primários foram recolhidos através de perguntas abertas em entrevistas presenciais, por correio eletrónico e por telefone. As entrevistas foram dirigidas a pessoas envolvidas na indústria marítima e especializadas em diferentes áreas do sector do transporte marítimo, de modo a tornar os dados primários válidos e fiáveis. Além disso, King (2004) afirma que há certos tipos de entrevista que devem ser tidos em conta, sendo o tipo de entrevista *semi-estruturada* um deles, que se refere a entrevistas de investigação qualitativa. Através deste tipo de método de entrevista, foi feita aos entrevistados uma lista de perguntas relacionadas com o tema. Este método permite ao entrevistador omitir algumas questões no decurso da entrevista devido à especificidade do contexto organizacional relativamente à área em causa. Neste sentido, foram colocadas algumas questões espontâneas durante a entrevista para explorar o tema da dissertação e os objectivos da entrevista, adaptando-se ao fluxo da mesma. Os dados foram recolhidos através de entrevista pessoal e entrevista telefónica, tomando notas.

3.2 Análise de dados

Este capítulo é a parte crucial da dissertação em que o investigador analisa os dados quantitativos, que se referem a todos os dados não numéricos que foram recolhidos através de entrevistas, que é o processo central do projeto. Por outras palavras, o objetivo da análise de dados não é recolher mais dados, mas sim combinar toda a informação que foi recolhida através de dados secundários e primários e analisá-los e interpretá-los de modo a realizar uma discussão aprofundada (Saunders et al., 2007).

3.2.1 Análise de dados qualitativos

Como mencionado anteriormente, para tornar a entrevista válida e fiável, os dados qualitativos recolhidos através das entrevistas têm de ser analisados por comparação com os dados que compuseram a revisão da literatura. A análise dos dados quantitativos permite, portanto, ao investigador integrar e desenvolver a teoria a partir dos dados quantificados (Lancaster 2005). Assim, uma vez que os dados secundários e primários são descritivos, a análise dos dados qualitativos permite ao investigador realizar o processo durante a triangulação, ou seja, determinar as semelhanças e dissemelhanças entre a revisão da literatura e o ponto de vista dos entrevistados. Assim, o objetivo desta abordagem é examinar os dados secundários recolhidos e compreender o ponto de vista de cada entrevistado em relação ao tema da dissertação e, finalmente, cumprir os objectivos da investigação com uma conclusão eficaz (Saunders et al., 2009).

3.3 Limitações da investigação

O principal objetivo era recolher informações específicas junto dos armadores ou operadores de navios porta-contentores de maiores dimensões que utilizassem tanto o combustível GNL como o combustível convencional, a fim de alcançar os objectivos do estudo. Por outras palavras, a intenção era recolher informações, como o custo de implementação do sistema de GNL a bordo de um navio, o período de retorno do investimento, o local do tanque de GNL a bordo e as suas capacidades, que permitissem obter resultados mais precisos em termos da viabilidade do sistema de GNL a bordo de um grande navio porta-contentores. Além disso, uma vez que não existe nenhum grande navio porta-contentores a funcionar com GNL, embora existam alguns navios classificados como navios de pequeno segmento a funcionar tanto com GNL como com combustível convencional, grande parte da investigação baseia-se em projecções.

Além disso, uma vez que a utilização de GNL como combustível é uma tecnologia em desenvolvimento recente quando se trata de a aplicar à navegação de alto mar, há falta de conhecimento e de informação no sector da navegação. Por conseguinte, os participantes foram cuidadosamente selecionados devido aos seus profundos conhecimentos de navegação, especialmente no que diz respeito ao combustível marítimo e seus derivados, incluindo o GNL, e à sua experiência.

3.4 Ética na investigação

De acordo com Saunders et al (2012, p. 680), a ética da investigação é definida como "*as normas de comportamento do investigador em relação aos direitos daqueles que se tornam objeto de um projeto de investigação, ou que são afectados por ele*". Neste caso, o consentimento informado é uma componente fundamental do comportamento eticamente correto e os participantes no estudo devem ser claramente informados sobre o que é o estudo, o objetivo do estudo e em que parte do estudo estarão envolvidos. Por conseguinte, quando se trata de compor os dados primários e a parte posterior de análise e discussão, os dados que foram recolhidos através de entrevistas devem ser apresentados de uma forma que não prejudique os participantes como indivíduos e a organização que o participante representa.

A fim de conduzir corretamente o comportamento ético em relação ao participante no estudo, várias organizações fornecem as suas próprias orientações e códigos éticos para o investigador que realiza métodos de investigação social. As organizações mais conhecidas são: The British Association of Social Workers (BASW), British Educational Research Association (BERA) e The British Sociological Association (BSA) (Robson, 2011).

Relativamente a este aspeto, a política de ética da Southampton Solent University foi respeitada neste estudo, na qualidade de membro da universidade. Isto prova simplesmente que o plágio foi evitado neste estudo, por outras palavras, não foram copiadas palavras, teorias, ideias e opiniões de ninguém. Por conseguinte, toda a investigação foi realizada como produção própria do autor à luz da referenciação e, além disso, as cartas de ética e a lista de verificação da autorização de ética foram anexadas no Capítulo 7, Apêndices.

CAPÍTULO 4 Investigação primária

Este capítulo representa os resultados da investigação, que foi efectuada através de entrevistas abertas com peritos que colaboram com os armadores em quase todos os aspectos comerciais da navegação marítima. Os resultados serão representados através das opiniões dos entrevistados sobre os objectivos da presente tese.

4.1 Conclusões

Uma vez que não existe nenhum navio porta-contentores bicombustível GNL novo ou convertido em funcionamento, o objetivo das entrevistas com Monty (2014), Besev (2014) e Vamesu (2014) é descobrir a possibilidade de aplicação do GNL como combustível em navios porta-contentores de maiores dimensões e o ponto de vista dos armadores sobre o sistema de combustível GNL. Além disso, a entrevista com Vamesu (2014) foi realizada com o objetivo de analisar o local técnico e de construção da implementação do sistema nos navios relevantes.

Neste caso, Monty (2014) aponta alguns elementos-chave sobre os factores comerciais para a mudança para o GNL como sistema de combustível a bordo dos navios. De acordo com Monty (2014), o maior impulsionador é a regulamentação ambiental porque, como toda a gente no sector marítimo sabe, a nova legislação está a chegar no início de 2015 e mais tarde em 2020 ou 2022. Já está a ser aplicada há algum tempo e, gradualmente, o foco tem sido a redução ambiental das emissões de SOx e NOx. No entanto, Monty (2014) sublinha especificamente que a principal questão neste momento é a emissão de enxofre, que terá de ser cumprida a partir de 1 de janeiro de 2015 nas ECAs com um limite de emissão de enxofre do fuelóleo de 0,1%, e espera-se que entre em vigor mais regulamentação em 2020, em que os navios terão de consumir LSFO ou outras alternativas para cumprir os regulamentos de um limite de 0,5% a nível global. Continua a afirmar que, uma vez que os preços do HFO, especialmente os preços do LSFO, aumentaram significativamente ao longo da história, juntamente com os regulamentos rigorosos em matéria de emissões, a operação de um navio, em especial o que tem uma grande percentagem de ECAs, será significativamente dispendiosa para os armadores e operadores. Assim, ele acredita que o maior fator para considerar a mudança para o GNL como combustível alternativo é a regulamentação ambiental.

Além disso, de acordo com Monty (2014), a compra de combustível para o navio é talvez o elemento de custo mais caro do transporte marítimo e, dependendo do tipo de navio, o combustível constitui 50-60% do custo total da viagem. Por conseguinte, o segundo maior fator de pressão para ele é o preço do combustível. Juntamente com os regulamentos relativos às emissões, esta percentagem será ainda mais elevada para alguns segmentos do transporte marítimo, dependendo das percentagens de participação nas ECA e nas SECA. A título de exemplo, aponta os preços actuais do combustível em Roterdão, como mostra o Quadro 6.

Quadro 6 Preço médio atual dos combustíveis

Tipo de combustível	Preço (USD/MT)
HSFO	$575
LSFO	$615-620
MGO	$879-880

Criação do autor (Monty, 2014)

No entanto, continuou a afirmar que, quando se considera um combustível alternativo para cumprir os regulamentos e limitações de emissões, para a maioria dos armadores, neste momento, a alternativa mais atractiva é o gasóleo para um cumprimento a curto prazo. Neste contexto, o HSFO seria utilizado em águas profundas até à ECA, onde a limitação é de 1%, que passará depois para 0,1%, e, através do procedimento de mudança, o gasóleo seria utilizado dentro da ECA. Monty (2014) também mencionou outras alternativas, como a tecnologia de depuração, WHR, metanol e combustível GNL. Segundo a sua experiência, de entre estas alternativas, o gasóleo parece ser a primeira opção como fonte alternativa de combustível contra os regulamentos relativos às emissões para os próximos anos. No entanto, a mudança na conversão dos navios é um pouco heterogénea, dependendo do departamento. Por outras palavras, haverá alguns elementos em que os navios necessitarão de alguma conversão, porque, neste momento, os tanques de fuelóleo passam pelo sistema de purificação do combustível, e o gasóleo não necessita deste sistema devido à sua fluidez. Por conseguinte, o sistema requer um sistema de tubagem adicional e uma remodelação interna para que o gasóleo possa ser utilizado eficazmente, o que tem suscitado um debate entre os fretadores e os armadores sobre quem suportará o custo do sistema, embora este não seja tão dispendioso como quaisquer outras alternativas. Nesse momento, foi feita uma pergunta ao Sr. Monty durante a entrevista de perguntas abertas: por que é que os armadores considerariam utilizar fuelóleo mais caro para cumprir os regulamentos, quando existem outras alternativas? A primeira razão é que o gasóleo está razoavelmente disponível, e continua a afirmar que a economia do transporte marítimo está prestes a recuperar da recessão global - embora não rapidamente - e que existe um excesso de oferta de navios, pelo que as taxas de frete apresentam uma tendência decrescente e os navios estão a navegar pouco. No entanto, afirma que, apesar de todos estes aspectos negativos, o gasóleo é a forma mais fácil de conversão e não existem infra-estruturas dispendiosas quando se trata de reequipar o GNL.

Em termos de reequipamento com GNL, Monty (2014) especificou algumas questões-chave que podem causar alguns problemas técnicos ao comparar o sistema de combustível de gasóleo com o de GNL. Neste contexto, afirma que haverá alguns problemas na mudança de lubrificantes porque o número de base e a acidez são diferentes devido ao facto de o combustível ter menos enxofre. O combustível com baixo teor de enxofre tem uma acidez diferente da do fuelóleo com alto teor de enxofre, pelo que o óleo lubrificante/óleo de motor utilizado para a lubrificação terá uma formulação diferente ou poderão ser necessários dois tipos diferentes de lubrificantes. Neste caso, ocorre um problema técnico, que pode ser grave, conhecido como choque térmico. O aquecimento do combustível até 120^0 C, para que tenha mais fluidez, e o seu arrefecimento para a lubrificação, ao longo do tempo, causam problemas nos blocos e fracturas do motor, bem como outros problemas de que se fala. No que respeita ao sistema de GNL, esta mudança de temperatura causará ainda mais problemas porque, como se sabe, o GNL precisa de ser mantido a uma temperatura de aproximadamente -160^0 C para estar operacional. Por conseguinte, num motor bicombustível a GNL, esta diferença de temperatura será ainda maior em comparação com a utilização alternativa de gasóleo com baixo teor de enxofre, o que poderá reduzir significativamente a vida útil do motor principal. No entanto, ele acredita que, com a tecnologia atual, é mais provável que estes problemas desapareçam.

Passando das questões técnicas para o aspeto comercial, foi feita a seguinte pergunta a Monty (2014): as projecções mostram que o número total de navios alimentados a GNL deverá aumentar até 1 000 navios nos próximos anos. Se houvesse mais navios alimentados a GNL em funcionamento, como é que isso afectaria os preços do fuelóleo? A sua resposta à pergunta é que tem havido uma discussão sobre o preço do combustível, no entanto, do seu ponto de vista, o preço do GNL neste momento pode mudar no futuro, mas, atualmente, parece que o GNL está ligado aos preços do petróleo bruto. Por outras palavras, embora exista uma grande diferença entre o preço do GNL e o preço do fuelóleo, quando o fuelóleo apresentou uma tendência volátil, os preços do GNL apresentaram a mesma volatilidade. A razão para este comportamento semelhante é que, uma vez que o GNL é um produto energético, seguirá provavelmente a tendência do petróleo bruto, que é também um produto energético, e parece que, atualmente, o fuelóleo está associado ao GNL. No entanto, continua a falar da disponibilidade de bancas de GNL nos portos, mencionando os transbordos de bancas de GNL. Uma vez que os principais terminais de GNL não são atualmente os principais portos de abastecimento de combustível, tem havido, consequentemente, muitos transbordos e armazenamento secundário e terciário para fornecer o combustível de GNL aos navios, pelo que o GNL como combustível é transportado através de alguns métodos de transbordo e estes custos de transbordo são obviamente adicionados ao preço do combustível de GNL, que constitui 20-30% do preço unitário do GNL. No entanto, em termos de diferença entre os preços do GNL e do fuelóleo, se as infra-estruturas de abastecimento de GNL forem desenvolvidas de modo a fornecer bancas de GNL aos navios sem transbordo suplementar de GNL ou a exigir que os navios de maiores dimensões partam de um porto comercial acordado para terminais de GNL a fim de abastecerem de bancas de GNL, então o preço do GNL poderá alterar-se de forma positiva e a diferença entre o fuelóleo e o GNL poderá ser ainda maior do que atualmente. No entanto, salienta que "*toda a gente tem falado em teoria porque, neste momento, a situação não é muito favorável e, como é do conhecimento geral, na Escandinávia, o GNL já foi utilizado em mais de 10 000 entregas, porque é um negócio muito regular e muito seguro, mas é tudo para pequenas embarcações, ferries e navios de comércio costeiro".* No que respeita aos navios de maiores dimensões, tem havido uma grande incongruência entre fornecedores e armadores. No entanto, alguns fornecedores de maior dimensão comprometeram-se recentemente a continuar as operações de abastecimento de GNL. Por conseguinte, acrescenta, *"lentamente, as pessoas estão a comprar e a adquirir GNL, e alguns transportadores estão a pensar em converter os seus navios para funcionarem com GNL".* Neste caso, há alguns progressos no sentido de instalações de abastecimento de combustível em alguns dos principais portos, e mencionou algumas questões de segurança e ambientais: o GNL é um produto relativamente limpo em comparação com os derivados de combustíveis fósseis, mas em caso de fuga durante as operações de abastecimento pode causar uma poluição ambiental significativa. Por conseguinte, as diretrizes em matéria de segurança e ambiente devem ser aplicadas meticulosamente. Em termos de abastecimento de GNL para navios porta-contentores de linha, uma vez que as escalas dos navios são certas, o abastecimento seria mais económico em comparação com os navios que operam como tramp. Neste caso, para o serviço regular Ásia-Europa, Singapura, Roterdão e Zeebrugge são os portos de abastecimento de GNL mais adequados para os navios porta-contentores alimentados a GNL.

Monty (2014) apresenta a sua opinião como ponto final sobre a questão de saber se existe ou não um futuro para os navios porta-contentores alimentados a GNL na perspetiva dos armadores.

Especifica que quase todas as partes interessadas, como os vendedores, os intermediários e os envolvidos na venda, concordam que o GNL como combustível é muito limpo e consideravelmente barato em comparação com outros combustíveis convencionais, sendo mesmo considerado como uma cura milagrosa para as questões ambientais. No entanto, verifica-se que, no que se refere ao custo da adaptação, não se concentraram tanto nesta questão como nas suas vantagens ambientais. Explica ainda que, em termos de todo o sistema de combustível GNL a bordo de um navio, um tanque de combustível GNL de apenas 500m^3 custa 300-400 000 USD e que, quando se trata de aplicar o sistema a um navio porta-contentores de maiores dimensões, por exemplo, 11 000 TEU, que necessita de cerca de 11 000m^3 de tanque de combustível GNL, o custo de um tanque desta dimensão pode atingir 9 milhões de USD. Para além do custo de um tanque de combustível de GNL, como um navio porta-contentores de maiores dimensões exige um grande volume de capacidade do tanque, o espaço no navio pode ser um obstáculo à implementação de um sistema de combustível de GNL. No entanto, uma vez que os vários tipos de modelos de tanques de GNL são capazes de manter o combustível GNL a alta pressão, o tamanho do tanque de GNL pode ser reduzido. No entanto, a sua preocupação não é o custo ou o tamanho do tanque de GNL, mas sim a infraestrutura de combustível de GNL, em que todo o sistema de abastecimento de GNL deve ser diferente do sistema de combustível convencional, uma vez que o GNL em si é um produto criogénico e muito frio, pelo que tudo tem de ser de aço inoxidável. Acrescenta ainda que existe uma ligação uniforme ao bunker porque o sistema tem de ser estanque ao gás e tem de ter válvulas de segurança e equipamento especializado. Portanto, a infraestrutura é crucial quando se trata da implementação do GNL como combustível. Por outras palavras, desde que estas instalações sejam disponibilizadas e as infra-estruturas desenvolvidas, os armadores poderão estar dispostos a converter os seus navios em motores bicombustíveis a GNL, e ele concorda com isso:

Há um custo de implementação dessa tecnologia, e cada reequipamento, se for possível, custa dezenas de milhares de milhões de dólares. No entanto, se o preço do GNL for significativamente mais barato e se o navio estiver a funcionar nas ECA, tal como o depurador, então o armador obtém o retorno do seu investimento em poucos anos e, consequentemente, isto funcionaria bem". E continua: "*como já foi dito, a partir de 2020 ou 2025 isto será obrigatório e os armadores considerarão a possibilidade de utilizar lavadores, GNL ou outras alternativas. Além disso, nos próximos seis anos, penso que a tecnologia irá avançar e a vontade ou a mentalidade do armador irá mudar, pelo que os armadores estão agora à espera destas oportunidades".*

Em termos de aspectos técnicos e de construção de um possível navio porta-contentores bicombustível a GNL, Vamesu (2014) aponta algumas questões-chave que esclareceriam os armadores, que poderiam considerar a implementação do sistema de combustível GNL na sua frota de contentores, se o sistema é adequado para o tipo de navio em causa. Afirma que, com as próximas restrições de controlo das emissões impostas pela OMI, existe uma necessidade no mercado de tecnologias e sistemas de propulsão alternativos. As principais questões que surgem com a conversão de grandes navios porta-contentores para sistemas de GNL são inerentes aos projectos conceptuais, à estabilidade do navio e ao stress, juntamente com os custos de retorno.

Se a infraestrutura de GNL se desenvolver mais do que na fase atual, a adaptação poderá ser viável. Um dos principais aspectos a ter em conta antes da instalação de um sistema de GNL a bordo de um navio é a disponibilidade de combustível e, com a atual falta de disponibilidade no mercado de abastecimento de combustível e as restrições ao abastecimento de GNL, os armadores mostrar-se-ão relutantes em implementar o sistema. No entanto, uma vez que apenas os principais portos de abastecimento de combustível dispõem da infraestrutura necessária para os navios, parece atualmente viável considerar o GNL como uma opção para os navios que operam num serviço de linha, como os grandes porta-contentores que operam na rota Ásia-Europa ou Ásia-EUA. Neste exemplo, um grande porta-contentores de mais de 13 000 TEU poderia abastecer-se em Singapura, Roterdão ou alguns portos norte-americanos. No caso de existirem possibilidades de abastecimento de combustível para um navio porta-contentores, o conceito de conceção e cumprimento da regulamentação SOLAS relativa à construção naval é também vital. Por conseguinte, grande parte da investigação e dos conceitos concentra-se na localização dos tanques a bordo dos navios porta-contentores. Em muitos dos projectos de novos navios alimentados a GNL, os reservatórios de GNL são colocados por baixo dos alojamentos da tripulação, onde atualmente se encontram os reservatórios de combustível. Caso a colocação dos tanques tenha sido resolvida, coloca-se a questão do reequipamento. Para reequipar um grande navio porta-contentores, o primeiro passo é colocar o navio em doca seca e, em seguida, um grande processo de trabalho em aço para modificar o posicionamento dos tanques. Além disso, a nova soldadura do aço tem de estar em conformidade com as especificações de tensão ao abrigo dos requisitos SOLAS da construção naval. Consequentemente, para a doca seca, também é necessário proceder a adaptações do motor, como os sistemas de injeção e de tubagem, mas a maior parte dos motores actuais são de construção eletrónica em comparação com o motor de injeção clássico.

Além disso, tendo em conta que um grande porta-contentores que opere em regime de velocidade ecológica ou de navegação lenta consumiria 180MT de HSFO por dia, o consumo de GNL por viagem deve também ser tido em conta para se poder observar o benefício da adaptação. Se os benefícios do reequipamento não forem consideravelmente viáveis, muitos dos armadores mostrar-se-ão relutantes em investir e concentrar-se-ão na utilização de MGO quando escalarem portos sujeitos ao ECA e ao SECA.

Por outro lado, a construção de um novo navio porta-contentores de grandes dimensões está sujeita a uma operação de construção naval completamente diferente, uma vez que o navio está a ser construído de raiz e a montagem dos componentes não afectaria a soldadura final do aço e a resistência do casco, que cumpre eficazmente os regulamentos SOLAS. Uma vez concluído o projeto de construção de um novo navio, a montagem passo a passo é muito eficiente e a diferença de preço não é tão significativa como a adaptação de um navio com 10 anos de idade, em que a doca seca teria custos adjacentes (ferrugem, alterações da hélice, adaptações da sala de combustão, alterações dos cilindros ou quaisquer outros problemas que possam surgir). No entanto, no mercado atual, os armadores tendem a mostrar-se mais relutantes em relação aos elevados custos de investimento na adaptação ou na construção de novos navios, mas no caso de o navio estar sujeito a um contrato de fretamento a longo prazo (T/C), surge a necessidade de se adaptar aos requisitos tecnológicos, em que o investimento na adaptação se torna vital quando os navios entram nos países da CEA/SECA.

Vamesu (2014) continua a afirmar que isto leva a concluir que, a curto prazo, a conversão para o GNL está altamente dependente dos avanços do mercado no sector do GNL, como as infra-estruturas, a oferta e a procura e a produção das refinarias. A disponibilidade de GNL como combustível é vital para que os armadores ou operadores de navios que entrem em ECA ou SECA a partir de 2015 possam considerar a possibilidade de adaptação, mas, de momento, não há projectos de adaptação significativos e, da frota global total, apenas 40 navios estão a operar com GNL, a maioria dos quais são ferries. No caso dos grandes navios porta-contentores com motores de grandes dimensões, cujo montante final de reequipamento depende do tipo e dimensão do motor e de outras caraterísticas do navio, o mercado não é tão promissor para o investimento a curto prazo como para o plano de investimento a longo prazo. Para cumprir o regulamento global de 2020 relativo às emissões de enxofre, caso venha a ser assinado pela OMI, será necessário reequipar ou construir novos navios, mesmo que estes estejam ou não a operar num serviço de linha que faça escala em portos importantes. Tendo em conta os futuros desenvolvimentos no mercado do GNL, como a extração de gás de xisto até 2020, a disponibilidade de GNL e os futuros desenvolvimentos a nível das infra-estruturas dos sistemas de abastecimento de combustível incentivam a orientação do mercado para a utilização do GNL como combustível alternativo. Por conseguinte, a curto prazo, há ainda muitas questões a resolver para que o GNL seja promovido como combustível, mas, numa perspetiva de longo prazo, a eficiência do GNL como combustível é mais evidente, sobretudo se os preços do GNL se mantiverem afastados dos preços do petróleo.

A perspetiva de Besev (2014) sobre o assunto, que também colabora como empresa com alguns dos principais armadores de porta-contentores em todo o mundo, é que, embora seja indiscutível que o GNL faz sentido de muitos ângulos, também não faz de muitos outros, e ele acredita firmemente que o GNL não será uma parte muito importante das operações globais de abastecimento de combustível. Afirma que o GNL como combustível tem apenas um sucesso parcial em mares curtos em rotas fixas, particularmente no Mar do Norte, e estes fornecimentos são maioritariamente efectuados com base em contratos. Para o fornecedor, com os contratos, é possível prever a procura e fixá-la, o que faz sentido em termos de investimento. Para quaisquer outros locais, existem algumas infra-estruturas e entregas à saída do camião em todo o mundo. No entanto, mesmo na Noruega, as autoridades não permitiram o carregamento dos ferries com GNL por camiões enquanto os passageiros estavam a bordo. O transporte rodoviário adicional resultante para o abastecimento de GNL e a necessidade de fazer funcionar os navios a velocidades mais elevadas para cumprir os horários, devido ao tempo adicional necessário para o abastecimento.

Besev (2014) continua a afirmar que, a título de exemplo de incidente, ocorreu um derrame de GNL no decurso de operações de abastecimento de GNL a bordo de um navio mais recente, o Bergensfjord, na fábrica de Risavika, em julho de 2014. A Direção Norueguesa da Proteção Civil (DSB) tem estado a investigar o incidente e não poupou nas palavras ao afirmar que *"tinha potencial para se tornar um acidente grave"*. Os funcionários da DSB têm sido francos, explicando que as operações de abastecimento de GNL não foram conduzidas como deveriam ser numa instalação de GNL, referindo-se a muitas "quebras nas barreiras". Foram adoptadas medidas adicionais tanto pela Risavika LNG Production, controlada por Skangass, como pela DSB, e está em curso uma investigação. Para além disso, só é mencionado nas notícias dos principais meios de comunicação social quando há algum incidente, como uma catástrofe, aves cobertas de óleo e navios a afundar-se e, se tal acidente relacionado com o GNL acontecer no futuro, Besev (2014) pensa que *"terá um efeito prejudicial em todo o sistema"*.

Além disso, Besev (2014) afirma que, enquanto empresa, não pensa que haverá qualquer tipo de recuperação no sector dos transportes marítimos até 2020-2022, pelo menos, o que é ditado pela relação entre a oferta e a procura, pelo que as taxas baixas continuarão, consequentemente, os armadores continuarão a sofrer com a recessão económica. Assim, neste contexto, os armadores não disporão de fundos para modernizar a sua frota existente e, no caso das novas construções, o objetivo é adquirir navios mais baratos. Por conseguinte, com as receitas previstas, é improvável que se apliquem tecnologias dispendiosas. Ele continua a dizer que:

O espaço adicional ocupado pelos tanques de GNL reduzirá a capacidade de carga. Se os tanques forem mais pequenos, a autonomia do GNL é, de qualquer modo, inferior à do fuelóleo/gasóleo, o que implica paragens mais frequentes para abastecimento, o que acarreta custos adicionais por cada paragem. Pode argumentar-se sobre a possibilidade de combustível duplo, mas isso exige muito mais espaço, uma vez que será necessário armazenar os dois tipos de combustível".

Além disso, Besev (2014) também salienta o local da operação comercial, afirmando que "*a exploração de um navio bicombustível de GNL terá despesas de funcionamento significativamente mais elevadas, incluindo prémios de seguro, aulas e formação, e, à exceção de alguns operadores de nicho, devido ao facto de a navegação marítima ser geralmente míope, o sector está numa situação difícil"*. Em termos de infra-estruturas de abastecimento de GNL, em alguns locais, como Gibaltar e Malta, é improvável que o governo acolha muitas actividades de GNL, uma vez que se trata de um local pequeno com muita gente, e refere ainda que "*enquanto fornecedor, precisamos de ter certezas para investir em GNL, e isso ainda não existe e duvido que venha a existir nos próximos 5 anos".*

CAPÍTULO 5 Análise e discussão

Nesta tese, a revisão da literatura resultou que a implementação do GNL como combustível em navios porta-contentores de maiores dimensões é teoricamente viável em termos da sua adequação para cumprir os regulamentos ambientais e do seu benefício comercial a longo prazo. No entanto, na sequência das entrevistas com peritos, verificou-se que a implementação de um sistema de GNL como combustível a bordo de um navio depende de diferentes factores, que influenciam significativamente a utilização do GNL como combustível. Por conseguinte, caso o GNL como combustível seja uma opção, serão analisados e discutidos os factores que levam à mudança para o GNL como combustível alternativo, o seu estatuto entre outras alternativas, os benefícios comerciais e a disponibilidade de abastecimento de GNL, combinando as duas conclusões obtidas a partir de dados secundários e primários.

O sector do transporte marítimo está bem ciente de que os regulamentos rigorosos em matéria de emissões serão impostos em 2015 e 2020, respetivamente. O atual limite de emissão de SOx de 1,0% nas ECAs será reduzido para 0,1% em 2015 e, subsequentemente, o atual limite de emissão de enxofre de 3,5% fora das ECAs será reduzido para 0,5% em 2020 (Lloyd's Register EMEA, 2012). Inicialmente, a IMO acordou que a regulamentação do limite global de enxofre seria imposta em 2020, após a regulamentação de 0,1% de emissões de SOx em 2015. No entanto, dependendo da revisão efectuada pela OMI em 2018, o regulamento relativo às emissões globais de enxofre entrará em vigor em 2020 ou, no decurso da revisão, se se esperar que as condições de mercado apresentem uma tendência decrescente, tem-se discutido a possibilidade de o regulamento relativo às emissões globais de enxofre ser adiado para 2025 (DNV-GL, 2014). Nesta altura, Monty (2014) afirma que, em termos de questões ambientais, é mais provável que a regulamentação das emissões seja imposta em 2020 ou 2022 como data limite, enquanto Besev (2014) acredita firmemente que as condições de mercado não irão recuperar e permanecerão no ponto de equilíbrio até 2022. Por conseguinte, o adiamento do limite global de enxofre para 2025 poderá ser inevitável, uma vez que o aspeto comercial está a prevalecer sobre o ambiental.

Para além disso, juntamente com os regulamentos rigorosos em matéria de emissões e os elevados preços do fuelóleo, que constituem 78% do custo total da viagem de um grande navio porta-contentores, outras alternativas como o Scrubber, WHR e GNL como combustível marítimo têm atraído a atenção dos armadores, a fim de cumprir os regulamentos ambientais, tendo também como objetivo reduzir o custo da viagem de um navio. Neste caso, tal como mencionado na análise da literatura, a Germanischer Lloyd (GL) e a MAN realizaram um estudo conjunto sobre a adaptação de um sistema alimentado a GNL em navios porta-contentores existentes e o seu período de retorno, comparando esta tecnologia com outras tecnologias alternativas, como a tecnologia Scrubber e WHR.

5.1 Tecnologia de depuração

Esta tecnologia específica é utilizada para reduzir as emissões de SOx dos gases de escape dos navios através da depuração dos gases de escape com água do mar. A utilização do depurador só é necessária quando o navio navega dentro das ECAs, nos portos da UE e globalmente até 2020, a fim de cumprir os regulamentos relativos às emissões. Embora pareça significativamente mais barato do que o sistema de combustível GNL, a partir de 2020 os custos de funcionamento do sistema de depuração aumentarão significativamente devido à regulamentação rigorosa em matéria de emissões, ver Figura 21. No entanto, os tempos de funcionamento e as cargas dos motores podem afetar os custos totais de funcionamento. O custo médio do sistema de depuração em circuito aberto e fechado é de 5 $/MWh. Em comparação com a perda de espaço de carga no caso do sistema de combustível GNL, o sistema de depuração requer até 0,3% do total de TEU disponíveis a bordo do navio, o que se prevê que aconteça em cada viagem consecutiva. Tal como no sistema de combustível GNL, os custos adicionais de operação, tripulação, manutenção e peças sobresselentes seriam 20% superiores aos dos navios de referência. (Hombravella *et al.,* 2011) (MAN, 2012).

Figura 22 Custos de funcionamento do purificador

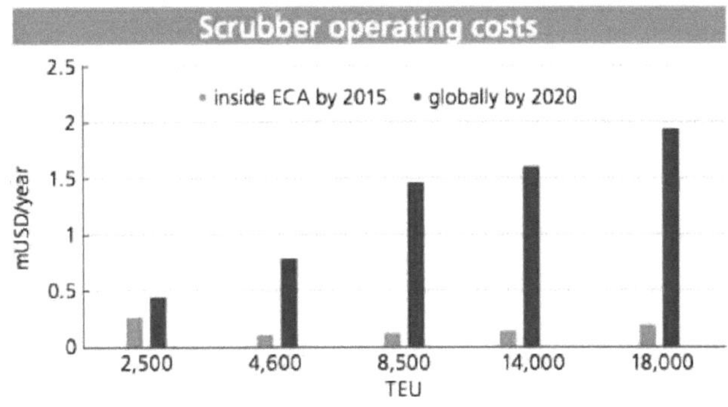

(MAN, 2012)

5.2 Tecnologia de recuperação de calor residual

A recuperação de calor residual é um sistema que consiste numa caldeira alimentada por gases de escape que produz a energia eléctrica adicional de um navio, fornecendo o vapor a uma turbina a vapor. Em palavras simples, um sistema WHR utiliza a energia térmica emitida pelo motor principal do navio para gerar vapor, que é transferido para o turbocompressor do motor, onde é produzida a energia eléctrica. Uma ilustração do sistema WHR pode ser vista na Figura 22. O objetivo deste sistema é produzir mais energia a bordo do navio sem qualquer consumo adicional de combustível (Maersk Maritime Technology, 2014). Uma turbina a gás também pode ser utilizada para alargar o sistema e utilizar a energia dos gases de escape que não é utilizada pelo turbocompressor. Além disso, um sistema de pressão de vapor duplo ou mesmo triplo pode ser necessário para a solução ideal, a fim de alcançar o máximo de energia eléctrica a bordo do navio, se for instalada uma recirculação dos gases de escape no motor principal. Embora este sistema tenha sido implementado para reduzir o consumo de combustível, o custo de exploração, a carga total do motor e a dimensão do navio afectam as possíveis poupanças. Para os navios porta-contentores de maiores dimensões, considera-se que a redução de 10-13% pode ser alcançada a 75% da rotação máxima contínua (MCR) (Germanischer Lloyd, 2012). No entanto, de acordo com a Maersk Maritime Technology (2014), foi alcançada uma redução máxima de 9% do consumo de energia e de combustível nos 32 navios da A.P. Moller-Maersk (APMM).

Figura 23 Sistema de recuperação de calor residual

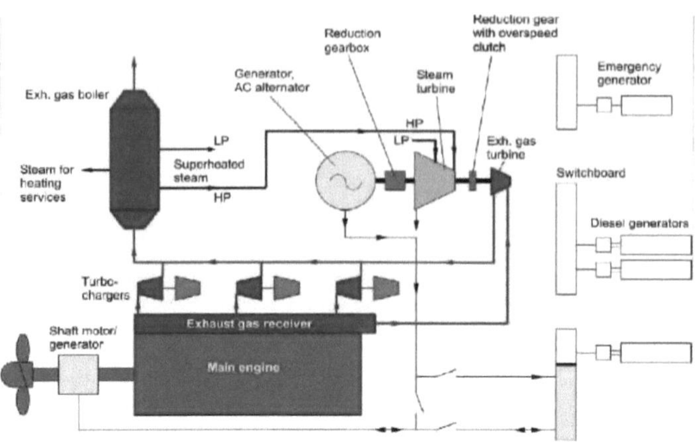

(Robse, 2014)

Em termos de redução do espaço de carga, para os navios porta-contentores Cellular (1.000 a 2.500 TEU), Panamax (3.000 a 4.000 TEU) e Post-panamax (4.000 a 5.000 TEU), estima-se que se perca até 0,4% da capacidade total de slots de TEU, o que se prevê que aconteça em cada viagem consecutiva. Os custos adicionais de operação, tripulação, manutenção e peças sobressalentes seriam 15% superiores aos dos navios de referência (Germanischer Lloyd, 2012). Svensson (2011) afirma que a implementação de um sistema WHR de 75 toneladas de peso nos actuais grandes navios porta-contentores da Maersk é bastante complicada e custa cerca de 10 milhões de dólares. Dependendo dos preços do fuelóleo, a Maersk Line prevê que o período de retorno do investimento no sistema WHR seja da ordem dos cinco a dez anos.

Utilizando os pressupostos anteriores para cada tecnologia e dimensão de navio, é possível calcular o custo do investimento e as vantagens anuais em termos de custos, comparando com o navio de referência que consome o combustível necessário em função do tempo e da zona em que é operado. A figura 23 mostra a vantagem de custo anual para um navio porta-contentores de 2 500 TEU. O total da poupança de combustível, dos custos de exploração adicionais e da perda de receitas constitui o total das vantagens em termos de custos. Um navio porta-contentores com uma capacidade de 2 500 TEU e uma quota de 65% nas ECAs, que consome GNL como combustível ou lavador de gases, tem uma vantagem significativa em termos de custos em comparação com o lavador de gases mais WHR e o sistema GNL mais WHR. Por conseguinte, o tempo de retorno do investimento é claramente mais curto do que cada alternativa com WHR, devido aos elevados custos de investimento do WHR (Germanischer Lloyd, 2012)

Figura 24 Vantagem em termos de custos anuais para um navio porta-contentores de 2.500 TEU

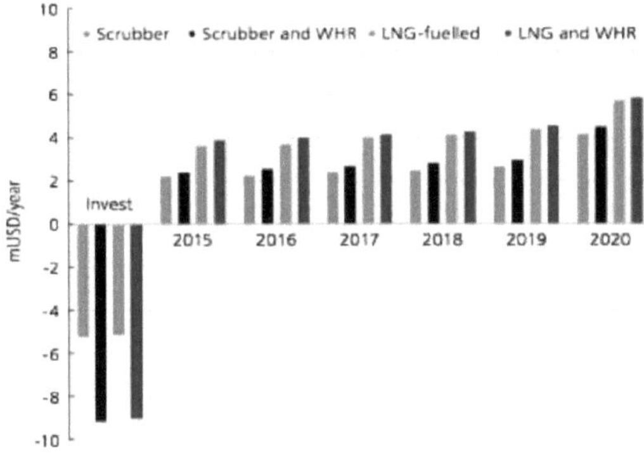

(Germanischer Lloyd, 2012)

Os benefícios da utilização de GNL ou da tecnologia Scrubber dependem fortemente da sua utilização. "*Quanto maior for a exposição à ECA, menor será o tempo de retorno do investimento para todas as variantes, com a operação a começar em 2015*" (Germanischer Lloyd, 2012, p.8). Em termos de sistema de GNL, apenas entre estes cinco navios porta-contentores de referência com diferentes dimensões, os navios porta-contentores de dimensões Cellular e Panamax têm o tempo de retorno mais curto, ver Figura 24. A razão para este período de retorno mais curto é o facto de a implementação deste sistema de GNL nos navios mais pequenos exigir um investimento relativamente menor. Estatisticamente, no caso dos navios com mais de 55% de exposição ao ECA, o tempo de retorno do investimento é inferior a dois anos. No entanto, este resultado só poderá ser um problema para os navios do segmento pequeno, uma vez que a percentagem total de navios porta-contentores de maiores dimensões que operam em ECA é geralmente inferior a 25% (Germanischer Lloyd, 2012) (DNV, 2012).

Figura 25 Recuperação do sistema de GNL (com início em 2015)

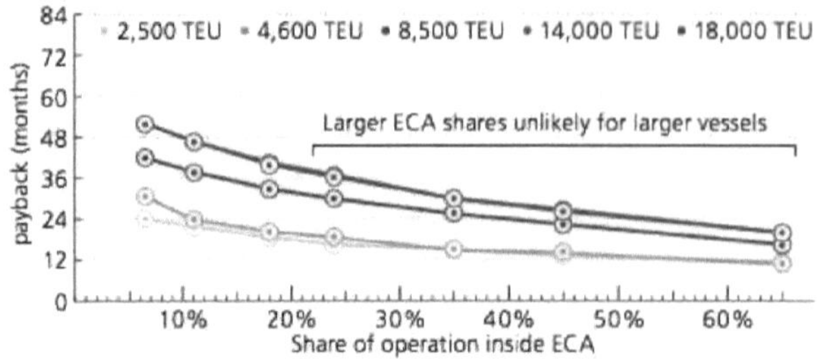

(Germanischer Lloyd, 2012)

Entre todas as tecnologias, o sistema de GNL apresenta um período de recuperação significativamente mais curto do que um sistema de depuração, embora a implementação de um sistema de depuração pareça rentável. Por outro lado, devido ao elevado custo de investimento do sistema WHR, o período de recuperação para o navio de 2 500 TEU com um sistema WHR é consideravelmente mais longo do que o de qualquer outra tecnologia. Como mostra a Figura 25, a comparação das diferentes tecnologias possíveis, para o navio com uma capacidade de 4 600 TEU e operando em todas as percentagens possíveis de exposição ao ECA, oferece o período de recuperação mais curto para o sistema alimentado a GNL em comparação com outras tecnologias. O sistema WHR tem o período de recuperação mais longo para o navio de 4 600 TEU, à semelhança do navio de 2 500 TEU. No entanto, para os navios porta-contentores maiores, um sistema WHR com um motor de alta potência instalado oferece maiores benefícios. Assim, praticamente a capacidade do navio de 14.000 TEU com um sistema WHR tem o período de retorno mais curto - embora não dramaticamente - do que outras tecnologias, ver Figura 26. No entanto, isto só se aplica quando o navio está a operar com uma elevada percentagem de quota dentro das ECAs, o que é muito improvável para o navio de maiores dimensões que opera na rota mais competitiva, Ásia-Europa. Por conseguinte, para os navios de maiores dimensões, o sistema de GNL é o mais vantajoso para os armadores e operadores.

Figura 26 Recuperação do investimento num navio de 4 600 TEU (com início em 2015)

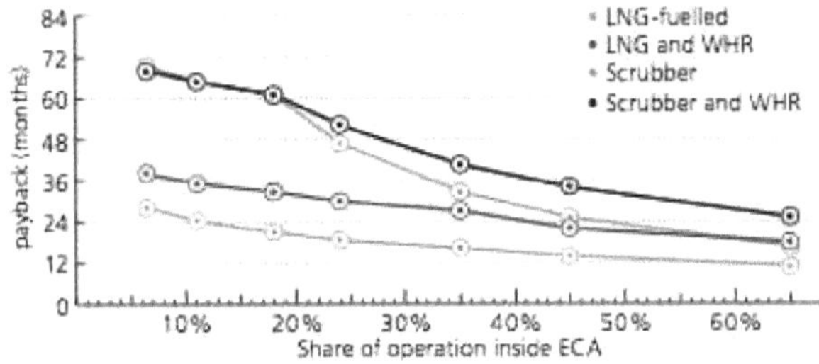

(Germanischer Lloyd, 2012)

Figura 27 Recuperação do investimento num navio de 14 000 TEU (com início em 2015)

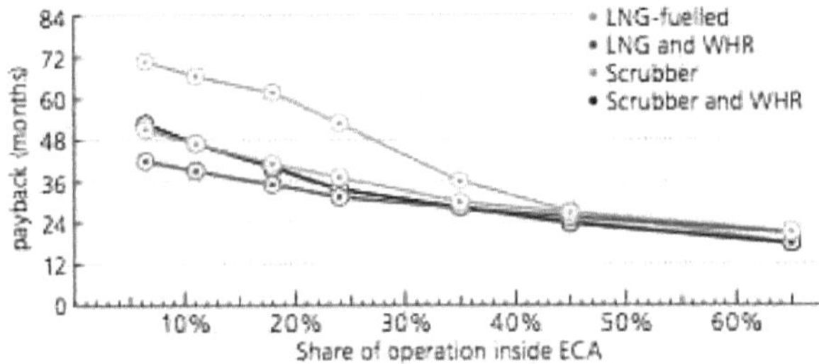

(Germanischer Lloyd, 2012)

No entanto, Monty (2014) afirma que, a curto prazo, a fim de cumprir os regulamentos relativos às emissões, tanto nas ECAs como a nível mundial, a primeira escolha dos armadores e operadores será o MGO como alternativa. Uma vez que as infra-estruturas de GNL nos portos são bastante insuficientes e apenas alguns portos no mundo oferecem instalações de abastecimento de GNL, o MGO torna-se a melhor opção entre todas as alternativas devido à sua disponibilidade razoável em comparação com outras alternativas. Acrescenta ainda que, como é sabido, a aplicação das tecnologias acima referidas - depurador, WHR ou GNL - exige um elevado custo de investimento e, uma vez que o mercado se encontra em más condições, em termos de poder de compra, os armadores ou operadores não podem dar-se ao luxo de pagar um elevado custo de investimento por um custo adicional para o sistema de GNL bicombustível num navio porta-contentores de cada vez. Vamesu (2014) esclarece que um navio porta-contentores convencional novo de 16 000 TEU custa cerca de 140 milhões de dólares. No entanto, uma vez que até à data não foi concluído qualquer projeto de sistema de combustível GNL para um grande navio porta-contentores, nem mesmo uma nova carteira de encomendas ou uma adaptação, o custo do sistema de combustível GNL para um navio porta-contentores desta dimensão é atualmente imprevisível e está a ser discutido com as partes interessadas envolvidas.

No entanto, Monty (2014) continua a afirmar que, se o custo do investimento para o sistema de combustível GNL a bordo de um navio de 16 000 TEU se situar entre 30 e 40 milhões de USD, a implementação deste sistema de GNL numa frota de grandes navios porta-contentores custaria ao armador milhares de milhões de USD. Por outro lado, Besev (2014) chama a atenção para a disponibilidade de abastecimento de GNL, o que pode provocar custos de exploração suplementares se os armadores exigirem um depósito de GNL mais pequeno para reduzir o custo do investimento e a perda de espaços de carga, uma vez que o depósito de GNL constitui a maior parte do custo total do sistema. Nesta situação, Besev (2014) considera que, em caso de utilização de um tanque de combustível de GNL mais pequeno, o navio teria de reabastecer durante a viagem, o que levaria a portos de escala adicionais e, consequentemente, a custos adicionais significativamente elevados. Continua a afirmar que, nalguns portos, como o de Gibraltar, o governo não apoia o desenvolvimento de infra-estruturas de abastecimento de GNL devido à insuficiência dos terrenos dos portos e à proximidade do centro da cidade em termos de segurança e saúde. Por conseguinte, este poderá ser um dos maiores obstáculos para os navios porta-contentores alimentados a GNL em termos de abastecimento de bancas de GNL. Por outro lado, Vamesu (2014) esclarece que o GNL como combustível é tecnicamente possível, quer na adaptação, quer na construção de novos navios porta-contentores de maiores dimensões, embora, dependendo da sua percentagem de participação nas ECA, o período de retorno do investimento pareça mais longo do que o previsto, porque, como Besev (2014) mencionou anteriormente, embora o custo do sistema de combustível GNL a bordo do navio inclua o custo do investimento, que se prevê ser significativamente mais elevado, o sistema exigiria custos adicionais significativos a longo prazo, tais como despesas de funcionamento mais elevadas, prémio de seguro, sociedade de classificação e formação. Consequentemente, o período de retorno do investimento num sistema de

GNL a bordo de um navio porta-contentores de maiores dimensões será ainda mais elevado. Sendo um dos maiores estaleiros navais do mundo e colaborando com os principais armadores, Vamesu (2014) afirma que "*embora o sistema seja teoricamente viável, nenhum armador aceitaria perder um único slot de TEU ou pagar um custo de investimento tão elevado num futuro próximo*".

CAPÍTULO 6 Conclusão

Como ficou claro no Capítulo 1.0, o objetivo da tese é avaliar criticamente o benefício económico do GNL como uma forma alternativa de combustível para o comércio marítimo. Em consequência da avaliação dos dados primários e secundários, cada um dos quais satisfaz o objetivo e os objectivos da tese, este capítulo representará uma conclusão e outras recomendações para o futuro estatuto do GNL como combustível com todos os aspectos do tópico relacionado.

Tal como já foi referido, o GNL como combustível marítimo tem sido utilizado com êxito na última década nos segmentos de curta distância, como ferries, pequenos navios-tanque e rebocadores, sobretudo no Mar do Norte e nas águas escandinavas. No entanto, quando se trata de aplicar o sistema de combustível GNL como um todo a um grande navio porta-contentores, surgiram alguns obstáculos importantes que afectam diretamente a decisão dos armadores, para a implementação do sistema de combustível GNL a bordo de um navio, uma vez que o combustível GNL não foi utilizado nos navios porta-contentores do segmento grande e todos os estudos sobre o combustível GNL se baseiam em previsões. Como resultado dos dados secundários, o processo de tomada de decisão sobre a implementação do combustível GNL num grande navio porta-contentores que opere em águas profundas, em especial na Ásia-Norte da Europa, até ao consumo de combustível GNL a bordo parece viável - embora não seja simples - e apresenta benefícios económicos a longo prazo, em comparação com outras alternativas que cumprem a regulamentação em matéria de emissões. No entanto, depois de entrevistar os peritos do sector da navegação marítima, concluiu-se que a utilização de GNL como combustível a bordo de um grande navio porta-contentores é teoricamente possível, mas, do ponto de vista prático, há várias questões técnicas e financeiras a considerar. As implementações técnicas para utilizar o GNL como combustível teriam, além disso, um impacto no espaço de carga. Por outras palavras, ao utilizar o espaço de carga para os tanques de GNL, o navio perderia o número total de TEU carregáveis a bordo. Dependendo do tamanho do navio e do tanque, a perda de TEU poderia atingir 500 TEU.

Tem havido uma concorrência significativa entre os principais armadores de porta-contentores para transportar o número máximo de TEU a bordo de um navio e, uma vez que o porta-contentores Mary Maersk, com uma capacidade nominal de 18 270 TEU, foi recentemente notícia por ter transportado o maior número de TEU alguma vez carregado num navio, 17 603 TEU (Birch, 2014), a perda de cerca de 500 TEU de capacidade para o sistema de GNL iria desvalorizar os armadores em termos de prestígio e financeiros. No entanto, as questões técnicas não se limitam apenas à perda de slots de TEU a bordo de um navio, havendo também algumas questões como a inadequação dos estaleiros navais, a insuficiência de infra-estruturas de abastecimento de GNL nos portos, especialmente nos portos asiáticos, e questões de manutenção, das quais a infraestrutura de abastecimento nos portos é o principal obstáculo. Os estudos demonstram que o cálculo do consumo de combustível GNL se baseia em meia viagem de ida e volta e que, uma vez que se verificou uma falta significativa de conhecimentos e de infra-estruturas no que respeita ao combustível GNL em todo o mundo, em caso de emergência, como a necessidade de peças sobresselentes, a manutenção em terra e o abastecimento de combustível conduziriam os navios a um atraso inesperado, com as consequentes perdas financeiras significativas para os armadores, uma vez que os grandes navios porta-contentores escalam mais de cinco portos em cada lado da Ásia e da Europa e as suas operações se baseiam num programa de horários rigoroso.

Também do ponto de vista prático, a implementação do combustível GNL é caracterizada por custos muito elevados, levando os armadores a procurar tecnologias alternativas que sejam mais eficientes em termos de custos. Está provado que os benefícios ambientais da queima de GNL como combustível são inevitáveis e cumprem os regulamentos de emissões futuros, mesmo abaixo dos limites máximos exigidos. Embora pareça ser a melhor solução, tanto para a regulamentação ambiental como para os benefícios económicos, devido ao seu preço unitário mais baixo em comparação com outros combustíveis convencionais, a implementação deste sistema a bordo de um grande navio porta-contentores com mais de 14 000 TEU representa um custo muito elevado, de cerca de 30 milhões de dólares, se o navio apenas necessitar do sistema de adaptação sem o custo dos tanques. Neste aspeto, devido às condições deprimidas do mercado dos transportes marítimos, o investimento dos armadores viria diretamente do fluxo de tesouraria, afectando o balanço e, além disso, o retorno estimado de 5 anos, dependendo da percentagem da quota do navio na ECA/SECA. Além disso, não havendo determinantes significativos no mercado que alterem as perspectivas, o investimento em GNL como combustível é considerado com grande relutância, uma vez que os armadores estão a tentar evitar mais perdas do que as incorridas durante a crise económica e o ciclo de depressão do mercado. Além disso, ao contrário dos estudos sobre os navios porta-contentores alimentados a GNL, o custo do sistema de GNL a bordo de um navio não se limita apenas ao custo inicial, havendo também alguns custos adicionais, já referidos, como o prémio de seguro, a sociedade de classificação, a manutenção e a formação durante o período de vida do navio, desde que este seja alimentado tanto a GNL como a combustível convencional.

Por conseguinte, nos próximos oito a dez anos, mais precisamente até à entrada em vigor da regulamentação global em matéria de emissões em 2020 ou 2022, sujeita a revisão pela OMI em 2018, a implementação dessa tecnologia em grandes navios porta-contentores não parece económica e constituiria um risco significativo para os armadores e operadores, uma vez que o sector do transporte marítimo não está totalmente preparado para esse sistema para os grandes navios porta-contentores. No entanto, os factores supramencionados estão sempre sujeitos a alterações, uma vez que existe alguma procura - embora não dramática - de combustível GNL por parte das principais partes interessadas e estão em curso alguns desenvolvimentos importantes de infra-estruturas de abastecimento de GNL nos principais portos, e a tecnologia, por outro lado, irá avançar, ao passo que os futuros preços do combustível são ainda incertos. Por conseguinte, em função destes factores, especialmente após a regulamentação global das emissões, a realização de estudos de casos adicionais ajudaria os armadores e operadores a avaliar as vantagens económicas da utilização de GNL como combustível a bordo de um grande navio porta-contentores.

Referências

ABS, 2013. *Ship energy efficiency measures, Status and Guidance* [online] [visualizado em 8

agosto de 2014]. Disponível em:

http://www.eagle.org/eagleExternalPortalWEB/appmanager/absEagle/absEagleDesktop? nfpb=true& pageLabel=abs eagle portal main home page

Adamchak, F., 2013. *LNG as marine fuel* [em linha] [consultado em 25 de junho de 2014]. Disponível em:

http://www.gastechnology.org/Training/Documents/LNG17-proceedings/7-1-

Frederick Adamchak.pdf

Ajala, L., 2012. Lloyd's Register lança estudo sobre a procura de navios novos alimentados a GNL. In: *World Maritime News,* 8th October [online] [consultado em 1 de junho de 2014].

Disponível em:

http://worldmaritimenews.com/archives/66817/lloyds-register-outlook-for-lng-bunker-and-fuelled-newbuilding-demand-up-to-2025/

Almeida, R., 2012. Assessing Emission Reduction Options for Container Feeder Vessels [STUDY]. *gCaptain,* 24 de setembro [online] [consultado a 7 de julho de 2014]. Disponível em: http://gcaptain.com/assessing-emission-reduction-options/

Besev, C., 2014. Entrevistado por Emrah Tuhan sobre *A critical evaluation of the economic benefit of the Liquefied Natural Gas (LNG) as an alternative form of fuel for the Liner Trade,* 13 de agosto de 2014.

Biggam, J., 2011. *Ter sucesso com a sua dissertação de mestrado - um passo-a-passo manual.* 2nd ed. Maidenhead: Open University Press

Birch, K. M., 2014. Mary Maersk zarpa de Algeciras com 17.603 TEUs, estabelece um recorde mundial!, 18 de agosto. *Maersk Line Social* [em linha] [consultado a 29 de agosto de 2014].

Disponível em: http://maersklinesocial.com/category/shipping-2/

Blackstone, A., 2012. *Princípios da investigação sociológica: Métodos Qualitativos e Quantitativos* [em linha] [consultado em 31 de agosto de 2014]. Disponível em: http://2012books.lardbucket.org/books/sociological-inquiry-principles-qualitative-and-quantitative-methods/s05-03-inductive-or-deductive-two-dif.html

Brown, H., 2013. O crédito é rei. *Lloyd's List,* 24 de julho [em linha] [consultado em 1 de junho de 2014].

Disponível em: http://www.lloydslist.com/ll/sector/ship-operations/article426724.ece

Brown, N., 2014. Deep thinking - rather than blind faith - needed for deep as LNG fuelled shipping question, 24 March. *Blogues e opiniões do Lloyd's Register* [em linha] [consultado em 5 de junho de 2014]. Disponível em:

http://blog.lr.org/2014/03/deep-thinking-rather-than-blind-faith-needed-for-deep-sea-lng-fuelled-shipping-question/

ClassNK, 2014. *Preliminary report of MEPC 66* [em linha] [consultado em 13 de junho de 2014].

Disponível em:

http://www.classnk.or.jp/hp/pdf/info service/imo and iacs/mepc66 sum e rev0.pdf

DNV-GL, 2014. *Alternative Fuels for Shipping* [online] [consultado a 11 de junho de 2014]. Disponível em:

http://www.dnv.com/industry/maritime/publications/studiesandpapers/

DNV-GL, 2013. *Taking a broader view, Relatório Anual 2013* [online] [visualizado em 16

julho de 2014]. Disponível em:

http://www.dnvgl.com/Images/DNV%20GL%20Annual%20Report%202013v2.pdf

DNV-GL, 2012. *Early Adopters Ahead!* [em linha] [consultado a 8 de julho de 2014].

Disponível em : http://www.gl-group.com/pdf/GL MAN LNG study extension.pdf

DNV-GL, 2011. *The only thing that matters is cost of fuel* [online] [consultado a 8 de agosto de 2014]. Disponível em: http://blogs.dnvgl.com/lng/2011/11/the-only-thing-that- matters-is-cost-of-fuel/

DNV, 2013d. *Maritime update* [online] [consultado a 17 de julho de 2014]. Disponível em: http://www.dnv.com/binaries/maritime update 0213 tcm4-578261.pdf

DNV, 2013c. *LNG for Shipping- Current Status* [online] [consultado em 8 de julho de 2014].

Disponível em:

http://lngbunkermg.org/sites/default/files/2013%20DNV%20LNG%20for%20shippm g%20current%20status.pdf

DNV, 2013b. *LNG fuel bunkering in Australia: Infrastructure and Regulations* [online] [consultado em 13 de janeiro de 2014]. Disponível em:

http://www.dnv.com/binaries/public%20version%20-

%20jip%20on%20lng%20bunkering%20in%20australia%20dnv%20andpartners%20 january%202013 tcm4-539390.pdf

DNV, 2013a. *Maritime update* [online] [consultado a 1 de junho de 2014]. Disponível em: http://www.dnv.com/binaries/maritime update 0213 tcm4-578261.pdf

DNV, 2012. *Shipping 2020* [em linha] [consultado em 19 de junho de 2014]. Disponível em: http://www.dnv.nl/binaries/shipping%202020%20-%20final%20report tcm141- 530559.pdf

DNV-GL Recommended Practice, 2014. *Development and operation of liquefied natural gas bunkering facilities* [online] [consultado em 20 de julho de 2014]. Disponível em:

http://www.dnv.com/binaries/DNVGL-RP-0006 2014-01%5B1%5D tcm4-590869.pdf

Rede Europeia de Transporte Marítimo de Curta Distância, 2013. *ESN- Way Forward*

SECA report [em linha] [consultado em 8 de julho de 2014]. Disponível em: http://www.shortsea.mfo/openatrium-6.x- 1.4/sites/default/files/esn-seca-report-2013 0.pdf

Germanischer Lloyd (GL), 2012. *Costs and benefits of LNG as ship fuel for container vessels: Key results from a GL and MAN joint study* [em linha] [consultado em 2 de junho de 2014]. Disponível em:

http://www.gl-group.com/pdf/GL MAN LNG study web.pdf

Germanischer Lloyd (GL), 2012. *Costs and benefits of LNG as ship fuel for container vessels: Key results from a GL and MAN joint study* [em linha] [consultado em 14 de julho de 2014]. Disponível em:

http://www.gl-group.com/pdf/GL MAN LNG study web.pdf, p.8

Ghauri, P. et al., 2005. *Métodos de Investigação em Estudos Empresariais.* 3rd ed. Harlow: Pearson Education Limited

Hinge, J., 2013. A UACS assume a liderança no navio-caixa alimentado a GNL. In: *Lloyd's List, 12th*

novembro [em linha] [consultado em 1 de junho de 2014]. Disponível em:

http://www.lloydslist.com/ll/sector/containers/article432477.ece

Holladay, E., 2013. O fundo do barril impulsiona o comércio global - Óleo Combustível Residual. *In: Petroleum Refining* [online]. 7 de abril de 2013 [consultado a 8 de agosto de 2014]. Disponível em : http://petroleum-refining.blogspot.co.uk/2013/04/the-bottom-of-barrel-drives- global.html

Associação Internacional de Energia Distrital, 2013. *A Europa Ocidental está a consumir menos gás natural e mais carvão* [em linha] [consultado em 10 de agosto de 2014]. Disponível em: http://www.districtenergy.org/blog/2013/10/09/western-europe-is-consuming-less- natural-gas-more-coal/

Norma ISO, 2013. *Diretrizes de sistemas e instalações para o fornecimento de GNL como combustível a navios* [em linha] [consultado em 20 de julho de 2014]. Disponível em:

http://lngbunkering.org/lng/sites/default/files/2013,%20OGPISO,%20Guidelines%20for%20systems%20and%20installations%20for%20supply%20of%20LNG%20as%20fuel%20to%20ships.pdf

Kathori, C. R., 2006. *Metodologia de Investigação: métodos e técnicas.* 2nd ed. Nova Deli: New Age International

King, N., 2004. Utilização de entrevistas na investigação qualitativa. Em Cassel, C. e Symon, G., 2004. *Essential Guide to Qualitative Methods in Organisational Research.* Londres: Sage

Lancaster, G., 2005. *Research methods in Management: a concise introduction to research in management and business consultancy*. Oxford: Elsevier Butterworth Heinemann

Lloyd's List, 2014. O futuro da navegação desde 1734 [em linha] [consultado em 7 de agosto de 2014]. Disponível em:

http://www.lloydslist.com/ll/incoming/article437078.ece/BINARY/LL Com Livro LR.pdf

Lloyd's Register, 2014. *Lloyd's Register LNG Bunkering Infrastructure Survey 2014* [em linha] [consultado em 25 de julho de 2014]. Disponível em: http://www.lr.org/en/images/12- 9203 Lloyd s Register LNG Bunkering Infrastructure Survey 2014.pdf

Lloyd's Register, 2012. *LNG-fuelled deep-sea shipping* [em linha] [consultado em 2 de junho de 2014]. Disponível em:

http://www.lr.org/en/ images/12-

9491 LR bunkering study F inal for web tcm155-243482 .pdf

Lloyd's Register EMEA, 2012. *Lloyd's Register LNG bunkering infrastructure study* [em linha] [consultado em 2 de junho de 2014]. Disponível em:

http://www.lr.org/Images/LR LNG%20bunkering%20mfrastructure%20study tcm155-237162.pdf

Maersk Maritime Technology, 2014. *Recuperação de calor residual* [em linha] [consultado em 14 de julho de 2014]. Disponível em:

http://www.maersktechnology.com/stories/stories/pages/wasteheatrecovery.aspx

Man Diesel & Turbo, 2012. *Cost and benefits of LNG as ship fuel for container vessels* [online] [consultado em 7 de julho de 2014]. Disponível em:

http://www.corporate.man.eu/man/media/content_medien/doc/global_corporate_website_1/verantwortung_1/megatrends_2/klimawandel/me_gi_dual_fuel_en_03_.pdf

Monty, A., 2014. Entrevistado por Emrah Tuhan sobre *A critical evaluation of the economic benefit of the Liquefied Natural Gas (LNG) as an alternative form of fuel for the Liner Trade,* 5 de agosto de 2014.

Neuman, W. L., 2011. *Métodos de investigação social: abordagens qualitativas e quantitativas.* 7th Ed. Londres: Pearson

Porto de Antuérpia, 2013b. *Port of Antwerp and EXMAR announce strategic alliance for LNG bunkering in Antwerp* [online] [consultado em 27 de julho de 2014]. Disponível em:

http://www.portofantwerp.com/en/news/port-antwerp-and-exmar-announce-strategic-alliance-lng-bunkering-antwerp

Porto de Antuérpia, 2013a. *Antuérpia, Zeebrugge e Singapura colaboram para o GNL* [em linha] [consultado em 25 de julho de 2014]. Disponível em:

http://www.portofantwerp.com/en/news/antwerp-zeebrugge-and-singapore-collaborate-lng

Porto de Hamburgo, 2014. *A Bomin Linde LNG e a AG EMS celebram o primeiro contrato a nível nacional na Alemanha para o fornecimento de gás natural liquefeito como combustível marítimo* [em linha] [consultado em 27 de julho de 2014]. Disponível em: http://www.hafen-hamburg.de/pt/noticias/bomin-linde-lng-e-ag-ems-concluem-primeiro-contrato-nacional-na-alemanha-entregam-liquefeito-natura

Robson, C., 2011. *Investigação no mundo real.* 3rd ed. Chishester: Wiley

Saunders, M. *et al,* 2012. *Métodos de investigação para estudantes de gestão.* 6th Ed. Harlow:

Pearson Education, p.127

Saunders, M. *et al,* 2012. *Métodos de investigação para estudantes de gestão.* 6th Ed. Harlow:

Pearson Education, p. 680

Saunders, M. *et al.*, 2009. *Métodos de Investigação para Estudantes de Gestão.* 5th ed. Harlow:

Pearson Education Limited

Saunders, M. *et al.,* 2007. *Research Methods for Business Students.* 4th ed. Harlow: Pearson Education Limited

Semolinos, P. *et al.*, 2013. *GNL como combustível marítimo: Challenges to be overcome* [em linha] [consultado em 13 de junho de 2014]. Disponível em:

http://www.gastechnology.org/Training/Documents/LNG17-proceedings/7-2-

Pablo Semolinos.pdf

Shaw, J., 2013. Propulsão: Is LNG the Future? *Pasific Maritime Magazine,* 1 de maio [em linha] [consultado em 7 de julho de 2014]. Disponível em:

http://www.pacmar.com/story/2013/05/01/features/propulsion-is-lng-the-future/152.html

Sociedade para o Gás como Combustível Marinho, 2013. *Standards and Guidelines for Natural Gas Fuelled Ship Projects* [online] [consultado em 19 de julho de 2014]. Disponível em:

http://www.sgmf.info/media/5637/standards-guidelines-natural-gas-fuelled-v5k1.pdf

Svensson, B., 2011. Um navio maior para mais eficiência. *Power Industry New,* 12 agosto [em linha] [consultado em 14 de julho de 2014]. Disponível em:

http://powerservices.lakho.com/2011/08/12/a-bigger-ship-for-more-efficiency/

Conselho Internacional para Transportes Limpos (ICCT), 2013. *Assessment of the fuel cycle impact of liquefied natural gas as used in international shipping* [online] [consultado em 25 de junho de 2014]. Disponível em:

http://www.theicct.org/sites/default/files/publications/ICCTwhitepaper MarineLNG 130513.pdf

Unseki, T., 2013. Navios movidos a GNL ambientalmente superiores. *Mitsubishi Heavy Industry* [em linha], 50(2), 37-43 [consultado em 8 de agosto de 2014]. Disponível em: https://www.mhi.co.jp/technology/review/pdf/e502/e502037.pdf

Vamesu, P., 2014. Entrevistado por Emrah Tuhan sobre *A critical evaluation of the economic benefit of the Liquefied Natural Gas (LNG) as an alternative form of fuel for the Liner Trade,* 25 de agosto de 2014.

Wan, S. e Notteboom, T., 2014. The development of LNG bunkering facilities in North-European ports [O desenvolvimento de instalações de abastecimento de GNL nos portos do Norte da Europa]. *PortEconomics* [em linha], 62, 1-3 [consultado em 24 de julho de 2014].

Disponível em: http://www.porteconomics.gr/downloads-section/doc view/618-pti62-the-development-of-lng-bunkering-facilities-in-north-european-ports-wang-notteboom.raw?tmpl=component

Wartsila, 2012. *Conversões de GNL para instalações marítimas* [em linha] [consultado em 5 de julho de 2014]. Disponível em: http://www.indetailmagazine.com/en/issue/1/2012/#!55/lng- conversions-for-marine-installations

World Maritime News, 2013. *Bomin Linde Starts Implementation Process for Germany's First LNG bunkering Terminals* [online] [consultado em 27 de julho de 2014].

Disponível em: http://woridmaritimenews.com/archives/98277/bomm-lmde-startsimplementation-process-for-germanys-first-lng-bunkering-terminals/

Yanow, D. e Schwartz-Shea, P., 2006. *Interpretação e método: Empirical Research Methods and the Interpretive Turn.* Nova Iorque: M.E. Sharpe, Inc.

Printed by Books on Demand GmbH, Norderstedt / Germany